室内设计 风格详解

MANUAL OF EUROPEAN INTERIOR DESIGN

 欧式

凤凰空间·华南编辑部 编

U0291485

江苏凤凰科学技术出版社

目 录
contents

第一章

欧洲室内设计发展史

第二章

欧式风格室内设计元素解读

第三章

欧式风格室内设计案例赏析

第一章

欧洲
室内设计
发展史

古希腊时期

1. 历史背景

古希腊文化在欧洲文化发展史上具有源头性的历史地位，因为在同一时期，古希腊的文明成就最高。爱琴文化（又称"克里特—迈锡尼文化"）是古希腊文化的开端，古希腊的部分建筑艺术形式受到爱琴文化的影响。

古希腊的建筑历史分为四个时期：荷马时期（公元前12世纪至公元前8世纪）、古风时期（公元前7世纪至公元前6世纪）、古典时期（公元前5世纪至公元前4世纪）、希腊化时期（公元前4世纪末至公元前2世纪）。

2. 特点

1）荷马时期

荷马时期的建筑形式受爱琴文化的影响，主要体现在继承爱琴文化的长方形的形制上。这个时期的建材主要为生土和木头，建筑的跨度不大，主体空间较长，有的会设置横墙划分成为前后室，这一时期的庙宇形制也是如此。

2）古风时期

当建筑形式发展到古风时期的时候，城邦形成两种类型：一类是世袭贵族的寡头政治型，另一类是平民文化的共和政体型。这个

◆ 克诺索斯宫殿平面图

❖ 雅典卫城（Acropolis of Athens）的石质梁柱结构

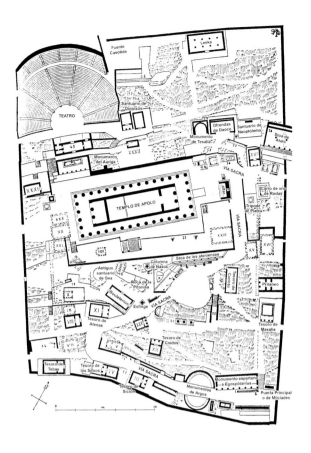

❖ 德尔菲（Delphi）的阿波罗圣地（The Sanctuary of Apollo）

时期主要变化发展的是著名的古希腊柱式和圣地庙宇建筑群，建材也由木材转为石材。雅典卫城（Acropolis of Athens）变为平民文化里的守护神的圣地，圣地的中心就是守护神庙。圣地整体布局自由活泼，在进入圣地建筑群时，设计师会为参观者设计出看到庙宇的视觉最佳点，比如德尔菲（Delphi）的阿波罗圣地（The Sanctuary of Apollo）。庙宇经由荷马时期的进一步发展，注意到了柱廊的形式对庙宇形制的整体构图影响。由于平民文化中的祭祀活动不在庙内举行，所以外廊开始发展起来形成围廊式，后期又发展出两进围廊式和假两进围廊式。这一时期室内空间比荷马时期宽敞一些，原因是在室内加入了两排柱子，形成中央空间。柱廊的发展带动了柱式（Ordo）的发展，一种是爱奥尼柱式（Ionic），一种是多立克柱式（Doric）。其中，爱奥尼柱式的特点是优美纤细，多立克柱式的特点是粗壮笨重。在著名的维特鲁威编写的《建筑十书》里，提到多立克柱式是仿男体的，爱奥尼柱式是仿女体的，但这一时期的柱式还未发展成熟。

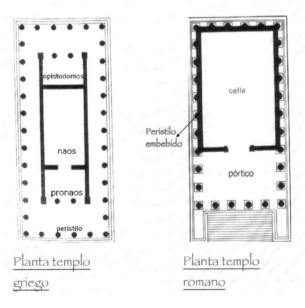

❖ 围廊式庙宇平面

◆ 雅典卫城全景俯瞰

3）古典时期

古典时期是古希腊文化的繁盛时期，这一时期的建筑形制与柱式发展已经完全成熟，雅典卫城圣地建筑群的庙宇和柱式的建造，以及雕刻艺术都达到了顶峰的阶段。雅典卫城建设的总负责人是雕刻家费地。雅典卫城由山门、伊瑞克提翁神庙（Erechtheion）、胜利神庙（Temple of Athena Nike）和帕提农神庙（Parthenon）组成。山门有 6 根多立克式柱子，内部有爱奥尼式柱子，雅典卫城首创了在多立克柱式建筑中加入爱奥尼式柱子的形式。

胜利神庙是爱奥尼柱式的建筑，由于雅典卫城建筑群建造的主要目的是纪念反波斯侵略战争的胜利，所以建筑上的浮雕题材都取自战争的场面。

帕提农神庙地势最高，是整个建筑群的中心，建筑形式采用围廊式，是多立克柱式的代表建筑。帕提农神庙采用大理石砌筑，内部朝东是圣堂，采用多立克式的叠柱，朝西的柱子是爱奥尼柱式的。帕提农神庙里雕刻方面的艺术成就也是最突出的，主要雕刻与雅典娜有关的故事群雕，这些雕刻都是圆雕或者高浮雕，易于观看并带有艺术的震撼力，以表达对守护神雅典娜的纪念。围廊内的墙垣雕刻着雅典娜祭祀仪式的场景，采用的是爱奥尼柱式。

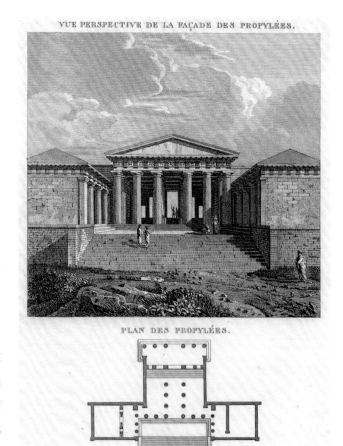

◆ 雅典卫城山门

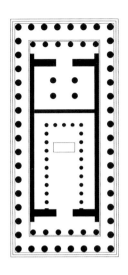

❖ 帕提农神庙

伊瑞克提翁神庙是爱奥尼柱式建筑的代表，主要体现在南面的女郎柱廊上，打破了南立面整片石墙的沉闷感，同时爱奥尼柱式的秀丽柔美同旁边的帕提农神庙多立克柱式的粗重厚实形成对比。装饰方面同样是雕有丰富的群雕，但是色彩使用偏向淡雅，大理石通过打磨处理，以削弱它在整体建筑群里的地位。

❖ 伊瑞克提翁神庙

古希腊的雕刻艺术有很高的成就，这一时期雕刻的创作题材来源于希腊神话故事、人本主义思想和泛神论的信仰。装饰方面的雕刻纹样有植物、人物、动物、器物、几何、文字等。整个建筑就像是一个巨型雕刻艺术品。

♠ 丰富的雕刻内容和形式

4）希腊化时期

在希腊化时期，或者说是古希腊文化晚期，公共建筑类型增多，例如露天的剧场和室内会堂。剧场的平面形式是半圆形，室内会堂注意到了声学方面的设计，柱子的排列方式按照观众的视线呈放射状排列，内部空间设计相较前期更为成熟。构图方面流行集中式形制，代表作是雅典的科林斯柱式的奖杯亭。在市场敞廊的设置上，多用叠柱式，下层为多立克柱式，上层为爱奥尼柱式，进深比较大，常设一排柱子划分空间。住宅通常是两层，以合院为主，地面铺马赛克装饰，此时的马赛克铺贴艺术已有较高水平。

◎ 3. 评价

古希腊文化是欧洲文化的摇篮，它自由民主的小城邦制度给欧洲带来了宝贵的民主精神、科学精神、人文主义及现实主义的种子。作为古典文化中重要的一部分，后期古罗马在文化、科学、艺术等方面直接继承了它的成就，对之后整个欧洲的建筑装饰史的发展起到了启蒙作用，它的影响广泛而深刻。

♠ 雅典奖杯亭

◆ 以弗所塞尔丘克图书馆遗址

摄影：刘紫君

◆ 古希腊文化晚期，马赛克铺贴地面

古罗马时期

 1. 历史背景

公元前 6 世纪，罗马建立共和国，公元 1 世纪成为罗马帝国。罗马帝国在经济上十分发达；在文化上，古罗马继承了古希腊的艺术成就，并且又有新的创造；在政治上，罗马帝国统一了欧洲大部分的版块，开始实行奴隶制。古罗马建筑的最大特色就是它的拱券技术，其主要得益于由天然火山灰、砂石、石灰石构成的混凝土的发明，可以说古罗马建筑的主要成就都与拱券技术有关。

◆ 古罗马拱券技术

2. 特点

1）柱式发展

公元前 2 世纪，古罗马柱式主要发展为五种：塔斯干柱式、多立克柱式、爱奥尼柱式、科林斯柱式和组合柱式；主要组合柱式有券柱式、叠柱式及巨柱式。其中，罗马斗兽场采用的主要是券柱式和叠柱式，使建筑整体形式感增强。装饰主要集中在券洞上的大理石像上，它的平面形制在今天仍旧沿用着，而柱式更多发展为一种装饰性造型。另外，通过不同形态的梁连接柱子，斗兽场内形成了柱廊和拱廊。

◆ 由上到下为多立克柱式、爱奥尼柱式、科林斯柱式

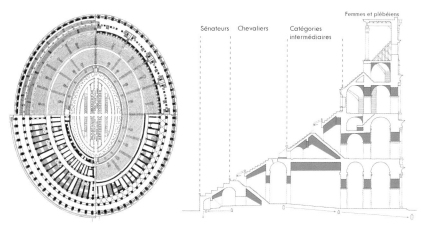

❖ 罗马斗兽场平面图　　　　　　　　　　❖ 罗马斗兽场剖面图

❖ 罗马斗兽场第一层为多立克柱式，第二层为爱奥尼柱式，第三层为科林斯柱式，第四层
　　为科林斯壁柱

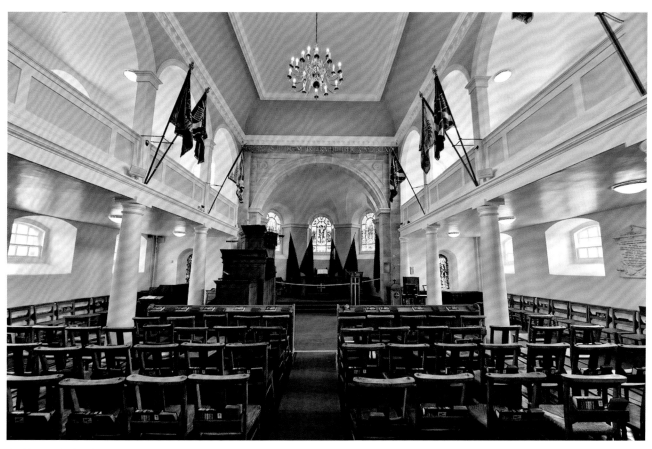

❖ 第一层为柱廊，第二层为券廊

❈ 万神庙内部空间

2）拱券技术

混凝土浇筑出来的拱和穹顶的跨度，比古希腊时期的石柱廊形成的内部空间更加宽敞一些，但他们是连续的整体，所以空间还是相对封闭。穹顶艺术的最高代表是著名的万神庙（公元前27年至公元前25年），古罗马的庙宇依旧是传承了古希腊的形式——矩形庙宇，因强调正面而采用较深的前廊式。万神庙也是如此，但它同时发展了古希腊晚期的集中式构图的形制，形成一个单一空间，因此万神庙也成了集中式构图建筑物的代表。它的平面是圆形的，穹顶中央开洞，解决了内部采光的问题。穹顶外部覆盖着一层镀金铜瓦，并通过上薄下厚的方式来减轻自重，内面有5圈各28个凹格，越往上凹格越小，每个凹格中央有铜花装饰，内墙贴15cm厚的大理石板，地面用彩色大理石铺装，并且设计成一个弧面，中央稍微凸起，同时在大理石下设置了排水系统，有利于排水。穹顶以抹灰装饰，同时墙体分8个券来分担重量，外墙分为三层，最下面那层大理石贴面，上头两层用抹灰处理。

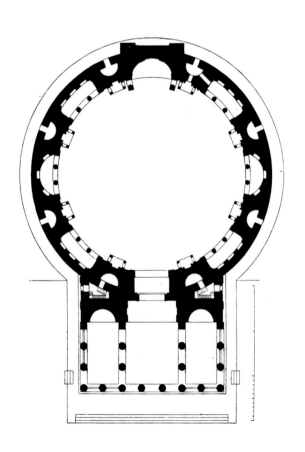

❈ 罗马万神庙剖面图

❈ 罗马万神庙平面图

3) 十字拱

公元 1 世纪发展出了十字拱，可以用柱子支撑，柱子支撑便于开侧窗，解决采光问题，极大地解放了内部空间，同时也促进了平面模数化。1 世纪末，墙体的装饰流行使用大理石贴面，在贴面选材的过程中处理都很细致，并组成一些装饰性图案。公元 2 到 3 世纪，为了抵抗十字拱的侧推力，采用纵向连续设置十字拱，边缘砌筑厚实的墙体的方法来解决，纵向的侧推力通过砌筑横向的筒形拱来分担，这套拱顶体系的形成导致了有序列的平面的产生。马克辛提乌斯巴西利卡的墙是嵌砖式混凝土墙，起初用大理石薄片镶饰。拱顶用混凝土砌成并以灰泥刷饰外层再镀金，屋顶用镀金的青铜瓦片覆盖。

◆ 罗马式修道院十字拱走廊

◆ 罗马广场内的马克辛提乌斯和君士坦丁巴西利卡遗迹，三座巨大的拱顶式穹隆，标志着当时高超的建筑技艺

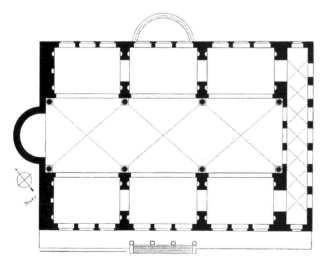

◆ 古罗马时期的马克辛提乌斯巴西利卡平面图及室内图，大厅为东西向，主入口在长边，短边有耳室

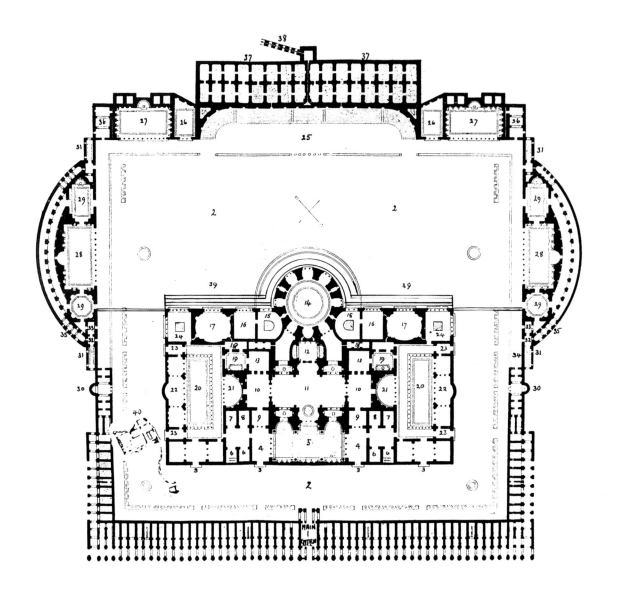

◆ 卡拉卡拉浴场平面图

十字拱和拱券平衡体系成熟的代表作是卡拉卡拉浴场和戴克利提乌姆浴场。它们的辅助房间在地下，功能房间以温水浴大厅为核心形成轴线。在戴克利提乌姆浴场里，三个连续的十字拱下对应着冷水、温水、热水浴三个大厅，两侧更衣室和按摩室等组成横向轴线，同时侧面开高窗引入自然光线，室内空间从单一变得复杂有序，同时装饰风格偏于华丽，墙面和地面贴着镶嵌着马赛克的大理石板并绘有壁画，壁龛和柱子上刻有雕像。罗马人把希腊的马赛克地面应用到了墙上，并且进一步发展成了室内墙壁的装饰装修艺术。

◆ 墙壁马赛克拼贴艺术

4）住宅形式

公元 4 世纪，公寓式的集合住宅占据了罗马住宅的大部分。天井式的住宅是延续古希腊时期的住宅形式，但是天井四周的生活用房改成了杂物处，天井后的正屋变成了穿堂，住宅的组织有了序列。住宅室内画有壁画，一方面是装饰作用，另一方面是创造空间感，另外还陈设着三脚架花盆等，偶尔会有雕像装饰。

◎ 3. 评价

"光荣归于希腊，伟大归于罗马"，古罗马的建筑类型比较多，艺术形制、平面布局、空间组合、建筑风格、建筑结构等都对整个欧洲以及后世的建筑产生了深远的影响，并且出现了一部分有关建筑的科学理论，所以说古罗马是富有创造力的。古罗马的成就是归于它征服的国家与周边区域共同发展的成果，其中最重要的是古希腊的建筑形制，但是我们也要认识到它的不足。古罗马的奴隶制社会制度与社会生产力之间的矛盾是不能忽视的，建筑方面的粗糙不精致加上有些建筑带有奴隶主夸张艳丽的审美特点，这些都与罗马的开放接纳的气度与创造力是矛盾的。

三

拜占庭时期

🌀 1. 历史背景

公元 330 年，罗马帝国皇帝君士坦丁一世迁都拜占庭，并以建立者之名改名为君士坦丁堡。395 年，罗马帝国分裂为东罗马和西罗马，东罗马首都在君士坦丁堡，后人称为拜占庭帝国。在发展强盛的时期，帝国版图包含了巴尔干、小亚细亚、叙利亚、巴勒斯坦、埃及、北非、意大利以及一些地中海的岛屿。由于其地理位置的优越性，汲取了波斯、两河流域、叙利亚、亚美尼亚等地区的文化成就，同时，因为皇权膨胀、东正教教会的兴盛，拜占庭文化也继承了古希腊和古罗马的文化。

由于东罗马和西罗马主要的宗教信仰不同，古罗马晚期时基督教分裂，东方是东正教，西方是天主教，二者由于教义不同和发展的差异导致了建筑平面和形制结构等的不同，东罗马发展的是古罗马的穹顶和集中式，西罗马发展的是相对落后的筒形拱与巴西利卡的形式。

♠ 帕纳贾教堂 (Panagia Apsinthiotissa)

♠ 中世纪塞浦路斯教堂

🌀 2. 特点

1）希腊十字

4 世纪时，由于基督教的确立，早期东罗马的教堂形式还是仿照古罗马时期的巴西利卡形式建立的，因为巴西利卡本来是集会性质的建筑，内部结构形成较宽敞的空间来适应聚众举行仪式。但是东罗马发展到后期，由于集会与教义的需要，集中式的形制被认为是适

合东正教的，它的向心性质与鼓励支持信众亲密的理念一致，而不是以宣扬宗教的神秘神圣为主。所以拜占庭的建筑发展成就是以集中式形制为核心的，这样也就不难理解东正教需要的是希腊十字式的平面结构而不是拉丁十字式的了。希腊十字式平面结构的发展主要还是要归功于拜占庭建筑中把穹顶支撑在支柱上的做法，这种发展方式是先考虑形式后创造结构，可以看出来历史建筑的发展从来都是需求和创造相辅相成的，可以说是需求推动了创造，也可以说是创造提供了新的需求。

2）结构创新

在公元 3 世纪至 7 世纪时期，萨珊王朝的波斯文化在两河流域拱券技术的基础上发展了穹顶，大多是正方形上加一个穹顶的结合方式，比如菲鲁扎巴德的阿尔达希尔一世宫殿。这时需要解决在方形平面上盖穹顶时，这两种几何形状的承接过渡的问题。拜占庭建筑在巴勒斯坦传统建筑的基础上，创造出在方形平面结构上使用穹顶结构的形式，也就是帆拱，典型的有圣索菲亚大教堂的中央大穹顶和威尼斯圣马可大教堂小穹顶。

帆拱的做法是在四个柱墩上沿着方形平面四边发券，砌筑成以方形对角线为直径的穹顶。这样的好处在于解放了空间，形成了集中形制，之后的发展是往上砌筑鼓座与穹顶，后来帆拱、鼓座和穹顶形成了一套体系式的做法广泛流行开来。这一创造比起古罗马的穹顶，优胜在于终于不需要连续的承重墙，室内空间相对开放自由。虽然说古罗马的十字拱也可以摆脱承重墙对于室内空间的束缚，但是相比而言，帆拱更加契合东正教对于集中式构图的需要，再加上帆拱本身具有优势，能很好地解决方形平面与圆形穹顶的连接矛盾，在平面形态和立面形态上强调了集中式形制的构图，所以说帆拱这一结构对于拜占庭建筑的发展来说是相当重要的。

创造出帆拱的形式后，造成了穹顶在各个方向都会有侧推力，为了解决这个问题，拜占庭帝国的工匠们又对帆拱下的四面大发券砌

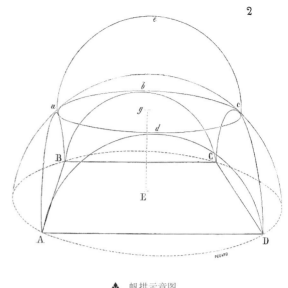

❖ 帆拱示意图

筑筒形拱。具体的做法是把沿着帆拱发券的筒形拱的券脚与帆拱下方的支柱连在一起，既形成了四个以中央穹顶为中心的核心的集中式形制空间构图，又使得外墙不用承受侧推力，大大拓展了内外空间的自由度，这样便形成了拜占庭帝国时期的经典希腊十字平面，也叫作等臂十字，比如君士坦丁堡的阿波斯多尔教堂和以弗所的圣约翰教堂。

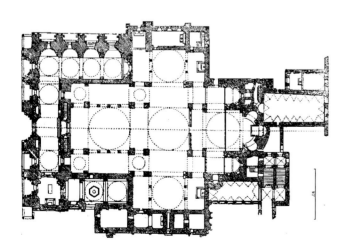

❖ 君士坦丁堡的阿波斯多尔教堂

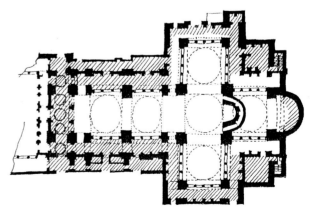

❖ 以弗所的圣约翰教堂

3）室内装饰

这一时期因为宗教和时代特点，室内装饰较为华丽，色彩相对丰富。建筑材料从古罗马的混凝土材料发展到了以砖为主，砌筑完成后在砖表面进行装饰，形成了拜占庭时期建筑装饰特有的风格。室内主要通过玻璃马赛克和粉画装饰，内容题材以宗教为主，常用的做法是在平整的墙面上贴彩色大理石，延续了古罗马时期对墙面的处理方式。拱券和穹顶的弧形表面用马赛克和粉画装饰，古罗马时期把地面马赛克发展到墙面，而拜占庭帝国时期则把马赛克的做法从墙面发展到了屋顶上。非大型的主要教堂，墙面抹灰处理，用粉画装饰，一般粉画在灰浆未干时画上去会更持久一些。马赛克画大多使用小块的彩色玻璃拼接而成，没有深度层次，人物动态小，比较适合建筑静态特点。为了保证整个装饰色调的一致性，要在穹顶上铺一层颜色，6世纪前多为蓝色，6世纪后，有些重要建筑物的马赛克画采用贴金箔的玻璃块。

◆ 威尼斯圣马可大教堂内外有 4000m² 的马赛克镶嵌画，在穹顶装饰上同样大面积使用金箔和粉画

◆ 佛罗伦萨圣马可教堂里的圣坛装饰

◆ 佛罗伦萨圣马可教堂

4）代表作品

拜占庭帝国时期最具代表性的建筑是圣索菲亚大教堂（532年至537年），用来举行皇家的活动仪式，同时也是东正教的中心教堂，地位相当重要。它在建筑方面的第一个成就在于结构，中央穹顶东西向的侧推力通过两个半穹顶来抵消，这两个半穹顶的侧推力又分担给更小的两个半穹顶，南北向则依靠四面墙抵消；第二个成就是结构带来空间方面层次的丰富，轴线的明确，这一点与同样著名的古罗马万神庙相比，很明显可以看出由于结构的发展带来的空间的变化；第三个成就在于内部装饰的效果，色彩方面使用非常绚丽，柱子以深绿色为主，少数是深红色，墙面用彩色大理石贴满，穹顶主要用金色底子的马赛克，辅以少数蓝色马赛克，柱子上包有金色的铜环。总结来看，拜占庭建筑的装饰艺术主要是用玻璃镶嵌的马赛克画，内部色彩丰富绚烂，外部朴实少有装饰，与古希腊时期建筑内外的装饰处理恰好相反。

拜占庭帝国时期后期的建筑规模比较小，穹顶逐渐饱满起来，并且成为构图中心，起到统率作用，真正形成了垂直轴线，完成了集中式构图，外墙的处理更为精细，使用线脚和图案装饰壁柱、拱券。

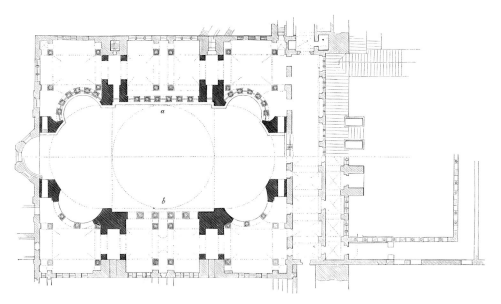

◆ 圣索菲亚大教堂平面图

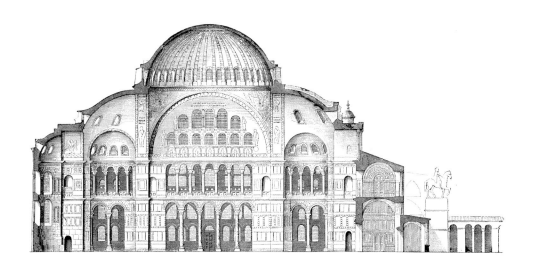

◆ 圣索菲亚大教堂剖面图

◆ 圣索菲亚大教堂内部装饰

◆ 圣索菲亚大教堂中央穹顶

◆ 圣索菲亚大教堂内部

摄影：余静仪

◆ 圣索菲亚大教堂马赛克壁画

◎ 3. 评价

拜占庭帝国位于欧亚大陆交界处，承接交融东西方文明，继承了古希腊和古罗马的建筑艺术。灭亡之后文化艺术通过逃难者经意大利传到欧洲更多的国家，后期更促进了意大利文艺复兴的产生。拜占庭帝国在短期内成了庞大帝国，表明一个国家的强大与发展在于不断地向周边文明学习，继承他们的智慧并且创新发展。

㊃ 西欧中世纪时期

◎ 1. 历史背景

公元 479 年，西罗马帝国被周边一些较为落后的国家攻打导致逐渐消亡。从西罗马灭亡直到 14、15 世纪的资本主义制度萌芽，这段时期称为中世纪时期。5 世纪后，西欧处于战乱中，经济不发达，建筑发展也很缓慢，大型公共建筑类似古罗马的斗兽场、剧场等，在这个时期是完全不被民众需要的，反而是宗教类的教堂和修道院作为人民精神的寄托有了一定的发展。10 世纪后，在小农经济基础上，出现了一些城市。在这些城市里，开始有了世俗文化与教会文化的冲击，慢慢地产生了一些公共建筑，但是天主教堂还是当时发展最好的建筑。在西欧的发展史上，从西罗马帝国末年到 10 世纪，史称早期基督教时期；之后，大致以 12 世纪为界，12 世纪前且包括 12 世纪为罗曼时期，主要受罗马的拱券技术影响，所以当时的建筑叫罗曼式建筑；12 世纪之后为哥特时期，在一些国家可延至 15 世纪。其中，法国的中世纪建筑最具影响力。

◎ 2. 特点

1）拉丁十字

和拜占庭时期一样，早期的西欧教堂基本上继承了古罗马的巴西利卡形制，巴西利卡是长方形的平面，由纵向排柱来分割空间，中间较宽为中厅，两边较窄为侧廊，中厅较高，所以形成高差，开侧高窗引入自然光。巴西利卡结构比较简单，木制的屋顶，采用的是较细的柱式支柱，因而内部空间是长条状，便于集会。圣坛采用半圆形，圣坛前是祭坛，由于人多，所以加长了祭坛的宽度，形成横向的空间，高度和宽度的等级量和中厅是相同的，由于纵向空间比横向空间长，所以平面看着像个十字架，这就是这一时期的代表性的平面构图，叫作拉丁十字式平面，用作西欧天主教堂的形制。东欧拜占庭帝国时期的等臂十字式平面是由于东正教的教义需要而形成的，这里也一样，西欧天主教的形制也是由于教会的教义对于祭祀仪式的重视，而非信众的关系造成的，所以拉丁十字的平面只适用于天主教教堂，等臂十字式平面只适用于东正教教堂。

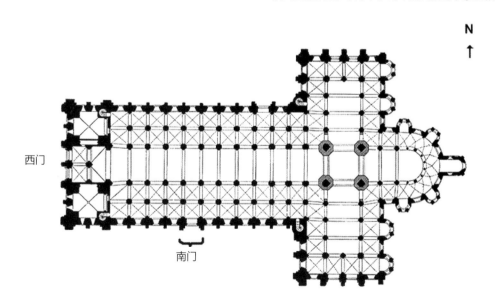

N
↑

西门

南门

◆ 圣塞南主教堂平面图

♦ 罗马城外的圣保罗教堂

 罗马城里的圣约翰教堂

♦ 克莱蒙费朗教堂

♦ 美因兹主教堂东侧

2）早期装饰

这种拉丁十字式教堂的内部装饰也主要使用马赛克和壁画完成，色彩同样华丽。马赛克用在圣像上，壁画题材以耶稣为主，色彩绚丽，早期典型的例子是罗马城里的圣约翰教堂，和罗马城外的圣保罗教堂。拉丁十字式教堂中厅与祭坛的屋顶交叉点上方设有采光塔，一方面用来解决照明问题，另一方面渲染教堂的氛围。

3）发展雏形

罗曼时期初期，拱顶用在侧廊上，由于墙厚难以开窗，所以在法国北部采用连续的筒形短拱，之后发展为中厅也使用筒形拱，侧廊与中厅的筒形拱方向一致，提高了侧廊原来的空间高度，所以设置了两层，但是照明问题依旧没有解决。后来为了扩大照明面积又发展出了双圆心尖拱，这种形式对哥特式教堂发展产生了一定的影响。到 11 世纪后半叶，意大利和法国的一些地区采用了十字拱，并且在

十字拱的拱脚处加上了飞扶壁，但是只是在中厅部分，侧廊部分依旧是半筒形拱。之后又在十字拱上加上骨架券，与筒形拱相比，这种设计矫正并提升了十字拱的精确性。

装饰方面，9 世纪到 10 世纪只有教堂的圣坛装饰比较华丽，其他地方都很简洁。在 10 世纪之后工匠参与进来，使得整个建筑面貌变得更精致，并且风格开始转向世俗化，有的在教堂西边加入一对尖塔，还有的在横厅和正厅也加上了，这些塔的加入让原本沉闷严肃的教堂变得活泼世俗化。工匠对于美的追求体现在对建筑细部的处理上，特别是在门窗的处理上加入了成排的八字线脚，这些都是罗曼式建筑的特点，并且为发展哥特式建筑奠定了基础——建筑内部柱头退化，延续骨架券的造型，形成了集束柱等，这些风格特征都被后期的哥特式建筑沿用了。

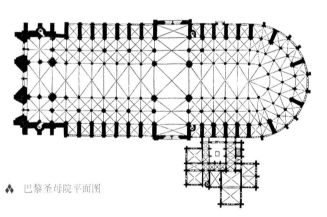

◆ 巴黎圣母院 平面图

◆ 巴黎圣母院西立面

◆ 巴黎圣母院南立面

4）风格形成

12 世纪至 15 世纪，罗曼时期的建筑进一步发展，形成了以法国城市主教堂为代表的哥特式建筑。哥特式教堂主要是以结构为标志的，代表建筑物有巴黎圣母院（1166 年），平面是拉丁十字式的，立面有着哥特式固有的向上的冲劲儿，拱肋、飞扶壁和尖拱这些基本结构都是哥特式的主要表现形式。雕刻是从罗马发展而来的一种装饰手法，发展到哥特时期已经在构图方面形成了一些特征显著的要素。巴黎圣母院正面拱门的雕刻有着很高超的技术，这些雕刻的内容主要是以圣母的故事为主；巴黎圣母院的玫瑰花窗同样也具特色，不仅装点了教堂的内部空间，同时上面拼镶成的有宗教故事内容的画面也起到了传播教义的作用。内部空间狭窄且高，空间主要是导向圣坛的，很好的渲染了宗教的神秘气息，表现出了人们对于宗教精神的追求。繁荣时期的典型代表为韩斯主教堂（1179 年至 1311 年），这一时期人们的信仰从救世主转变成了圣母玛丽亚，所以城市里大部分的主教堂是献给圣母玛丽亚的而不再是耶稣，其功能也开始发生变化，由原先的祭祀加入了礼堂、会堂、剧场、市场等新的功能，这些都反映了世俗文化对教会文化的影响。

♠ 巴黎圣母院拱门雕刻

♠ 巴黎圣母院花窗

◆ 巴黎圣母院教堂内部

◆ 巴黎圣母院教堂内部

◆ 韩斯主教堂

5）结构变化

虽然哥特式建筑是在罗曼式建筑的基础上发展起来的，但两者还是有区别的。罗曼式建筑拱顶平衡处理不明确，结构上浪费材料，厚重，使得开窗不方便，室内空间光线昏暗且封闭，空间组合方式不明确；而哥特式建筑则采用骨架券减轻拱顶和承重结构的负担，同时使平面形式变得更复杂，骨架券把荷载传给十字拱的四角，然后用飞券抵住侧推力，落脚到侧廊外墙上，这样侧廊的拱顶就不用负担侧推力，高度下降，为开窗空出了位置，而且受力小了还可以节省材料。

◆ 尖十字拱

拉丁十字式平面的横向较短，主要靠中厅空间凸显平面，在结构上完全使用两圆心的尖拱尖券。不仅在结构上，在装饰方面，比如华盖、壁龛上等一切细节，都用尖券代替了半圆券，使风格完全统一。在平面形制上基本是拉丁十字式的，外轮廓是半圆的，西边是一对塔，横厅的两个尽头开门，然后加小塔。内部空间方面导向性很强，主要是导向祭坛，向上的动势也很强，主要是延续罗曼式建筑集束柱的做法，消隐柱头，把骨架券的结构延伸下来，看起来就像是连为一体的，这削弱了向祭坛的前进的动势，也是世俗文化与教会文化的矛盾体现。教堂内部的框架裸露着，窗户在框架间，基本没有墙面，体现着教会的禁欲主义，如德国的科隆大教堂。14世纪之后，室内装饰开始发生变化，柱子的交织故意做得复杂，窗户上做有圆心券，就连屏风都是精心雕琢，配色上绚丽夺目。虽然市民的世俗文化影响到了教会文化，但还是以宗教氛围为主的。

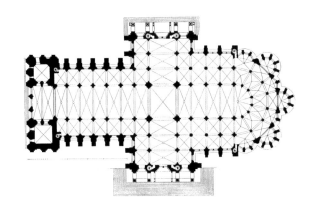

法国沙特尔大教堂

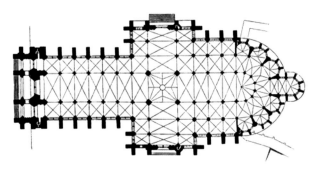

亚眠大教堂

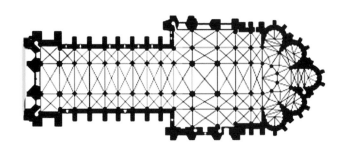

韩斯主教堂

◆ 拉丁十字式主教堂平面图

◆ 科隆大教堂中厅

◆ 科隆大教堂雕刻装饰

◆ 科隆大教堂宗教故事花窗

6）装饰特点

彩色玻璃窗是哥特式建筑的一大特点，因为窗户的面积很大，夹在骨架之间，很少有墙面，所以有了很大的面积来发挥。在窗户装饰设计上，一方面受原材料和技术的影响，当时生产的只有彩色玻璃，另一方面是拜占庭帝国时期对玻璃马赛克的应用，启发了工匠把彩色玻璃拼成有关宗教的图画。开始时以蓝色为主，后来以红色为主，再后来是紫色，到后期更加绚丽的颜色都应用了上去。到 12 世纪，颜色已经很丰富了；13 世纪中叶以前，只能生产小块玻璃，所以色调容易统一；13 世纪末，大片玻璃的生产导致工匠用着色手法来效仿之前的风格，因此色调难以统一；14 世纪生产出的玻璃透明一些，所以风格变化更加多样，难免有很多的不协调产品产生；而到了 15 世纪，玻璃更大更透明，可以直接在玻璃上面进行装饰绘画了。

在外部处理方面哥特式建筑远不及其内部，但还是有它基本的做法。在西面有一对塔夹着中厅的山墙，山墙上有栏杆，大门洞上一长列的龛进行横线联系。在中央、栏杆和龛之间，就是玫瑰花窗了。内部强调横向的延伸，空间特点表现为高和狭长，比较空阔一些；外部强调纵向的生长，几乎外形上的细节都是尖的，有着向上的动势，这导致建筑形式产生一些矛盾，整个建筑的整体指向有点混乱。但是哥特式的整体风格已经成熟，从结构、外形、装饰方面都很明晰。哥特式风格的教堂，不像拜占庭帝国时期那样继承了古希腊和古罗马的传统，主要是因为哥特式本身的结构特点很难和那些古典的因素融合，而且本身流行哥特式风格的地区也距离那些古希腊和古罗马的文明发源地有点遥远。

▲ 科隆大教堂狮子门环　　　　　　　　▲ 玫瑰花窗

◉ 3. 评价

哥特式的说法是文艺复兴时期提出的，指的是 12 世纪至 16 世纪，中世纪的中期与末期的建筑。这个时期的哥特式教堂形制是世俗审美的具体表现，在一定程度上反映了世俗文化的追求，所以连同这一时期的其他建筑，比如说公共建筑、住宅、商业性质的建筑在风格上和哥特式也是匹配的，甚至有的建筑直接采用哥特式风格的尖券、玫瑰花窗等一些细部的处理方式。15 世纪是哥特式教堂的晚期，这一时期的哥特式教堂受到整个社会性质的影响，向宫廷文化转变，不再是之前较为明晰的结构，朝着表现主义的方向发展，整个风格很是夸张，很多细部完全只是为了装饰，给建筑结构造成了负担。

哥特式建筑的产生是经济、政治、文化的发展与变革带来的，推动建筑史的发展，它的结构创新是具有时代意义的。

◆ 哥特晚期巴塔利亚修道院

◆ 威尼斯的"金屋"，曾经因墙壁镀金和彩色的装饰得名

◆ 特点明显的尖拱券窗框，哥特式餐厅 (布里斯托尔县，希望街 617 号)

五
文艺复兴时期

◎ 1. 历史背景

文艺复兴时期是西方历史发展中很重要的一个阶段，它是封建主义时代和资本主义时代的分界，思想文化领域发生了重大的变革，导致科学技术发生了革命性的变化。恩格斯这样描述这个时期："这是人类从来没有经历过的最伟大的、最进步的变革，是一个需要巨人而且产生了巨人——在思维能力、热情和性格方面、在多才多艺和学识渊博方面的巨人的时代"。建筑的历史发展往往依据其所处的历史背景而发生改变，这一时期的建筑同样有了与社会背景相适应的变化。14世纪，文艺复兴在意大利各个城市兴起，16世纪在欧洲盛行，意大利的发展是在西欧各国的发展中成就最高的，所以历史上一般着重讲意大利文艺复兴时期的特点。

文艺复兴的核心思想是人文主义，追求人与人之间的自由平等，个性解放与思想自由，反对宗教神学对神的推崇和对人的贬低，鼓励人们追求现实生活，认识自然，以人为主。这意味着文艺复兴的阻力是宗教神学的势力，于是新兴资产阶级主要借助复兴古希腊和古罗马的文化的思潮来斗争，古典思想文化充满着人文主义精神，这一时期的学者认为古典思想是理性且伟大的，所以学者们狂热的学习古典文化。资产阶级的产生导致社会阶级的划分、建筑服务人群的划分、相应的建筑形式风格的变化，思想的进步促使产生了真正意义上的建筑师。

◎ 2. 特点

1）早期风格

意大利文艺复兴时期在建筑方面开始的标志是佛罗伦萨大教堂的大穹顶，佛罗伦萨大教堂平面是拉丁十字式，东面是集中式的形制。大穹顶由著名的建筑师伯鲁乃列斯基主持设计，这个穹顶在结构上又有了新的创造，采用8瓣穹顶，分里外两层，中间是空的，穹顶上放一个采光亭，这个采光亭在结构和造型上都有发挥作用。这个穹顶在整体上造型比较明确，把穹顶放在鼓座上，从而穹顶能够完全地表现出来，同时，它的拉丁十字式平面掺入了集中式形制，在结构和施工上有了巨大的进步。佛罗伦萨大教堂的大穹顶是一个新时代来临的标志。

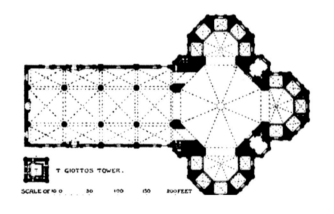

◆ 佛罗伦萨大教堂平面图

♣ 佛罗伦萨大教堂穹顶和装饰

巴齐礼拜堂是文艺复兴早期具有代表性的建筑物，在结构、空间组合、外部体型和风格方面都有创新，内外都由柱式控制，突出中央空间，内部为白墙，但壁柱、檐部和券面等都用深色，突出内部的结构骨架，而骨架的尺度使人感受较为舒适，整体建筑风格是文艺复兴早期的代表，比较轻快、明朗、简易。可以看出文艺复兴早期的建筑风格不仅向古典时期学习，同时也受到了拜占庭帝国时期的影响。但是威尼斯及其周边区域的发展不同于佛罗伦萨，比如维罗纳的市政建筑，底层敞廊八开间，采用科林斯连续券，二层四开间，用山花组织联窗，墙面全贴大理石，总体风格同文艺复兴早期的一致。还有威尼斯的圣玛丽亚密勒可里教堂（1481年至1489年），墙面用大理石组成的图案来装饰，浅色墙面上有深色壁柱、檐部和券面，显得轻快一些，内部空间较为宽阔。

◆ 巴齐礼拜堂

◆ 巴齐礼拜堂穹顶剖面图

◆ 巴齐礼拜堂内部

2）中期风格

到了 15 世纪中叶，由于阶级分化，越来越多的建筑转向为宫廷贵族服务，设计出豪华的府邸，比如美狄奇府邸。这个时期府邸的风格不同于早期的风格，气势转变得盛气凌人。美狄奇府邸外立面很沉闷，用粗糙的大理石砌筑，但砌筑施工工艺相对精致，内院处理比较轻快，四周是三开间的大券廊。

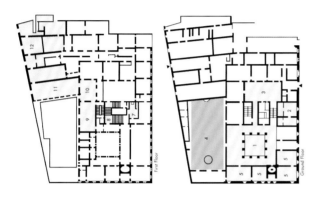

♦ 美狄奇府邸平面图

♦ 美狄奇府邸内部装饰

♦ 美狄奇府邸外墙

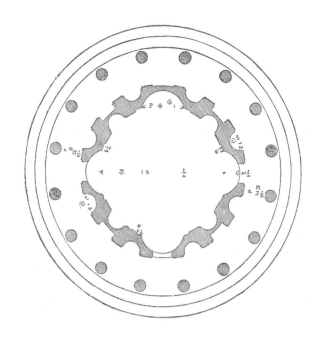

文艺复兴繁盛期的代表建筑物是伯拉孟特设计的坦比哀多,它的平面是圆形的,穹顶之下加了一圈柱廊,鼓座为圆柱形,总体形成了以穹顶为统率的集中式形制,立面上注意运用了黄金矩形的比例,形体处理上层次分明,虚实得当,体积感较好,所以后期有了很多模仿它的形制的建筑。

❖ 坦比哀多平面图

❖ 坦比哀多

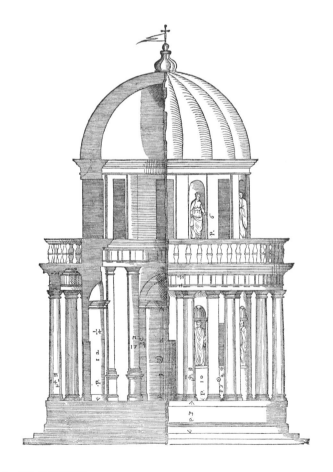

❖ 坦比哀多剖面图

❖ 法尔尼斯府邸

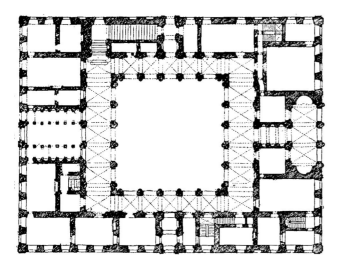

❖ 法尔尼斯府邸平面图

府邸建筑同样追求纪念性。小桑伽洛设计的法尔尼斯府邸比较典型，平面是方形的，形成了横竖两种轴线，立面是重叠的券柱式，类似罗马斗兽场，尺度比较大，一层相当于邻屋的三层，开窗比例及整体比例适当，成为后期建筑形式的模仿对象。其墙面抹灰，门窗用石质边框装饰，墙角有链式隅石，形式细腻柔和。建筑装饰在每个时期都有自己独特的风格，但是具体每个建筑的设计实际上还是由它的设计师决定的，比如米开朗琪罗是雕刻家和画家，他设计的建筑都是倾向于比较强的体积感、光影效果、雕塑感。比如美狄奇家庙（1520 年至 1534 年）和劳伦齐阿纳图书馆（1523 年至 1571 年），室内设计都是按照外立面的风格做的，壁柱、龛、山花、线脚等光影变化强烈，劳伦齐阿纳图书馆的前厅设计了一个大理石的阶梯，装饰效果很强，被当作早期的艺术部件。这些处理手法成了后期手法主义追捧学习的对象。有人称米开朗琪罗为"巴洛克的先驱"，因为这位大师的浪漫气质体现在对艺术的古典原则的突破，给了巴洛克艺术家灵感和启迪。

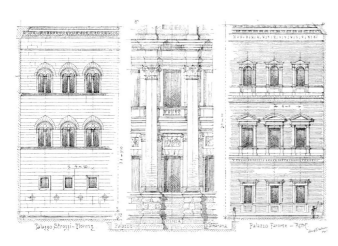

❖ 法尔尼斯府邸立面图

❖ 劳伦齐阿纳图书馆门厅

3）晚期风格

文艺复兴晚期出现了两种形式主义的倾向，第一种比较刻板地追随古典文化，比如圣安德烈教堂（1550年），由维尼奥拉设计，平面是长方形的，穹顶是椭圆的，柱式的使用比较冷淡不活泼；还有一种是手法主义，追求新颖尖巧，主要是在造型上用一些比较夸张、不合逻辑、造成变动并堆砌装饰的手法，比如梵蒂冈花园里的教皇庇护四世别墅（1500年）和罗马的美狄奇别墅（1590年），

晚期的这种手法渐渐发展成了巴洛克式，代表建筑师有维尼奥拉和帕拉第奥。帕拉第奥设计的维琴察巴西利卡柱式构图被称作是"帕拉第奥母题"，这种构图的虚实对比均衡，层次丰富，结构清晰。另一个代表作是圆厅别墅，外部形体是简单的几何体组合，这个时期的建筑师倾向于用简单几何体，认为它们是最美的。平面也是方形，第二层中间是个圆厅，穹顶内部装饰比较华丽，四个房间按照纵横轴线布置，室外大台阶直达二层，加上立面的立柱形成对称性

♠ 维琴察巴西利卡

♠ 圆厅别墅

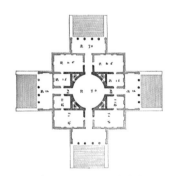

♠ 圆厅别墅二层平面图

♠ 圆厅别墅立面图

的构图，比较庄重严肃，内部楼梯比较小，虽然内外是分开设计的，但是内部的处理还是屈从外部的形式。

维尼奥拉设计的尤利亚三世别墅不同于早先的府邸形式，使用了纵向轴线布局，通过券门和柱廊联系轴线上的房间，并且利用了地形的高差来加强轴线上序列的变化。在室内方面，企图削弱室内外的分界，立面风格是轻快、简易的。在内部空间处理方面，中央部分采用了罗马凯旋门式构图，内外依旧处理不整体。

意大利文艺复兴时期最伟大的建筑是罗马教廷的圣彼得大教堂，它集中了16世纪意大利建筑结构和施工上最高的成就。100多年间，许多优秀建筑师都参与了圣彼得大教堂的设计和施工。最初在1505年，圣彼得大教堂由伯拉孟特主持设计，平面是希腊十字式，带有四个等臂的四角还有一些小的十字空间，形式比较

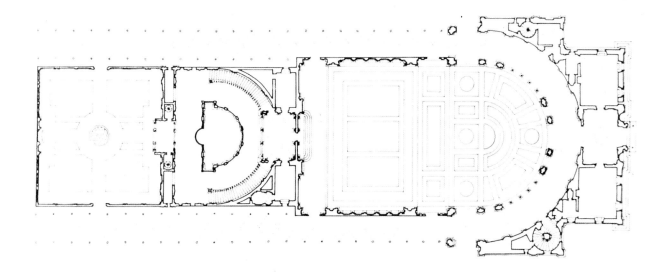

◆ 尤利亚三世别墅平面图

◆ 尤利亚三世别墅

◆ 圣彼得大教堂

新颖。他去世后又经由拉斐尔主持设计,在西部加拉丁十字式的平面,战乱后又经过小桑咖洛设计,但还是以伯拉孟特的设计为主,最后由米开朗琪罗主持设计,基本上恢复了拉丁十字式形制。穹顶下面是旧的拉丁十字式圣坛,圣坛下面是墓室,穹顶是石头砌筑的,其余部分是砖,分内外两层,与佛罗伦萨大教堂相比有很大的进步。穹顶整体是半球面的,轮廓比较饱满,比例匀称,结构和施工上都有进步。由于这个教堂经过了反复的内部冲突和多个设计师的设计建造,所以内部空间并不以祭坛为视觉的中心点。

◆ 圣彼得大教堂雕塑

◆ 圣彼得大教堂穹顶

◆ 圣彼得大教堂内部

◆ 圣彼得大教堂内部装饰

4）室内装饰

文艺复兴时期，室内装饰用巴西利卡式的长廊作为室内的构件，把古希腊和古罗马具有结构意义的柱子改为装饰性的壁柱，壁柱形式方的、圆的都有，底层大多用粗糙的石料，有些门窗的做法也是这样的，开窗尺度增大，为室内引入了更多的自然光，使室内的色彩更加多元。雕刻艺术方面，模仿古希腊和古罗马石质雕刻的同时加入了木质的元素，雕刻的内容有人物、动植物、古希腊人物故事。室内空间分割为门廊、走廊、复式格局和共享空间，还发展出了壁炉这种既可以用于装饰又能采暖的构件，壁龛装饰多用柱式和山花组合，并且贴有大理石饰面。

❖ 建筑外立面窗框装饰与围廊设计

◆ 文艺复兴时期的装饰风格

六
巴洛克时期

◎ 1. 历史背景

"巴洛克"一词源自葡萄牙文，原意是形状不规则的珍珠。文艺复兴风格追求的是理性、古典、逻辑，而巴洛克风格追求新奇、夸张、对比。因此从18世纪的建筑师责难17世纪建筑那种复杂而考究的样式，并生气地称它为"巴洛克"之后，巴洛克一词就相沿成习了。学术研究中，确定巴洛克艺术地位的是德国艺术史家沃尔夫林，他著有《文艺复兴与巴洛克》和《美术史原理》，前者肯定了巴洛克风格的历史地位与价值，并分析了它的形式特点和具体考察；后者认为巴洛克风格可作为每一文化或文明进入后期阶段的特征，使之具有更为普遍的意义。

晚期的文艺复兴建筑形式演变出了巴洛克形式，它在罗马兴起，诞生了大量的中小型教堂、城市广场、花园别墅等。意大利是欧洲艺术中心，但在巴洛克后期，欧洲艺术中心逐渐转移到法国，这一趋势并没有明确的艺术风格，只能算是一种爱好和时尚。

16世纪末到17世纪是巴洛克时期，巴洛克设计风格中的装饰色彩和材料方面都很华丽夺目，可谓是一种激情的艺术、财富的象征。在装饰和结构方面造型较夸张，形态多变化，装饰内容向自然靠拢，采用很多自然主题的元素；从大的体量来看，建筑和城市显现出庄严肃穆却又不失活泼生动的特点。

巴洛克艺术强调多种艺术形式的结合，在建筑上除了综合了雕刻和绘画，还吸收了文学、戏剧、音乐等领域里的一些因素，带有宗教色彩，并在巴洛克艺术中占有主导的地位。有的艺术家并不追求现实手法，比如在一些天顶画中，人物的形象不再是重点刻画对象，反而是一些花纹装饰更细致入微。

◎ 2. 特点

1）平面形式

维尼奥拉设计的罗马耶稣会教堂是早期的巴洛克风格建筑，平面是拉丁十字式的，侧廊改为小礼拜堂，教堂内部装饰也是巴洛克风格，壁画雕刻华丽富贵，大理石、黄金和铜是主要的材料。波洛米尼设计的罗马四喷泉圣卡罗教堂（1638年至1667年）是晚期巴洛克教堂的代表作，立面上中间突出，左右是曲面的，整体形成流动的效果，平面是椭圆形的，通过装饰壁龛凹间形成复杂的变化，穹顶上划分小格，中央天窗引入光线。另一个代表作是伯尼尼设计的圣安德烈教堂（1678年），内部比较简洁，穹顶上有一些自由飞翔的小天使，空间氛围比较活泼，平面也是椭圆形的。这个时期

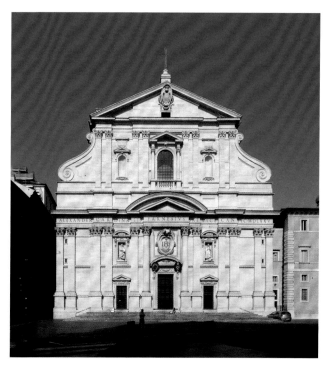

▲ 罗马耶稣会教堂

的平面形状设计多为椭圆形，主要是因为天主教认为方形和圆形是异教的形式，再加上巴洛克本身的特点，因而平面结构设计的变化趋向椭圆等带有弧线的形状。

相比文艺复兴晚期的府邸平面，巴洛克时期发展出了透视效果的连列厅，做法是把主要大厅排成一列，开门在同一直线上，室内方面利用楼梯作为装饰的主题。比如迦里尼设计的卡里尼阿诺府邸（1680年），门厅是椭圆的，有一对弧形楼梯靠着外墙，门厅成了连接平面与立体交通的枢纽，楼梯本身富有装饰性，同时凸显了空间的变化，使室内设计的水平获得提高。

◆ 罗马耶稣会教堂内部

◆ 圣卡罗教堂内部

◆ 卡里尼阿诺府邸

❖ 茨维法尔滕修道院

❖ 马耳他圣约翰教堂

2）室内装饰

在巴洛克风格建筑里，室内装饰的风格多变、动感、豪华，集绘画、雕塑、工艺于装饰和陈设艺术之中，壁画和雕刻被大量用来装饰室内空间。壁画的特点是用透视法制造空间幻觉来达到某种空间形式的营造，用色大胆鲜艳，多用红色、金色、蓝色，绘画不受幅面的束缚，构图方面动势强烈、不安、扭曲、夸张。雕刻的特点一是构图没有精心安排，随意找位置，二是和绘画结合，直接把画里的内容刻成雕像，总体来看动势比较强，雕刻都融入了建筑里，另外还有些题材是自然形制的。绘画和雕刻整体风格是与巴洛克风格一致的，与文艺复兴时期相比，从普通的装饰地位上升到了艺术品的位置，一是因为技术提高了，二是因为巴洛克风格设计不要求逻辑，整体感受更加统一强烈。

◆ 教会天顶壁画

◆ 维也纳国家图书馆天顶壁画

装饰线脚大多是曲线，富有动态、色彩浓烈、装饰华丽、做工精致。墙面是壁画，地面是大理石地板，铺有珍贵的地毯。在家居装饰中，将浪漫主义色彩、运动感和空间层次感发挥到了极致，追求跃动型装饰样式，以烘托宏大、生动、热情、奔放的艺术效果。家具用深色橡木或者枫木，上面有雕刻装饰，甚至贴有金箔或描金涂漆处理，并在坐卧类家具上大量应用面料包覆，采用彩色的布艺沙发，客厅喜欢用大型灯饰，天花上布满雕刻，正门上面的分层檐部和山花做成重叠的弧形和三角形，大门两侧用倚柱和扁壁柱，立面上部两侧作两对大涡卷，柱子粗大，一般把古典壁柱与山花结合起来装饰。设计师们汲取了17世纪欧洲宏伟古典艺术的精髓，应用在巴洛克风格上更加突出了其感性、浪漫和活力。

◆ 门窗线脚细部

❖ 布鲁塞尔大广场（底特律出版公司制）。这里的建筑反映了在 17 和 18 世纪十分流行的哥特 - 巴洛克式建筑风格。贝德克尔的《比利时、荷兰和卢森堡大公国旅行指南》将广场描述为现存最好的中世纪广场，与城市的现代元素形成鲜明对比

❖ 本拉特皇宫城堡建筑雕刻细部

❖ 拱顶细致华丽的装饰线

🌀 3. 评价

巴洛克风格虽然有部分特征是被批判的，比如浮夸、过度炫耀财富，可是它冲破了很多风格的限制，大胆寻求新的道路、新的形式是值得学习的。巴洛克风格反映了那个时期的社会矛盾与斗争，19 世纪和 20 世纪欧美的建筑风格都受到了巴洛克风格的影响，尽管后期有很多学者批判巴洛克风格，但是理解一个事物需要全面分析，正确认识巴洛克风格，既要理解它的矛盾，比如形式上的不完美，也要认识它的价值，其进步的技术和艺术设计上的创新都极富影响力。

七
洛可可时期

🌹 1. 历史背景

洛可可（Rococo）是法语贝壳工艺（Rocaille）和意大利语巴洛克（Barocco）的复合词，发源于路易十四（1643 年至 1715 年），流行于路易十五（1715 年至 1774 年），终止于 18 世纪中叶，是法国古典主义发展到后期的产物，后来迅速在欧洲传播开，渗透到建筑、绘画、家具、音乐、服装等贵族生活的一切领域，成为那个时代的一种潮流。

18 世纪初，法国的王权专制体制地位动摇，经济实力下降，内部腐败奢靡，贵族和资产阶级开始追求私人享乐。这一时期主导建筑是府邸建筑，而不是宫廷建筑或者教堂。洛可可风格主要体现在府邸的室内装饰上，在室外和建筑形体上较少表现，它反对古典主义的严肃理性和巴洛克的炫耀、夸张、喧嚣，偏向于细腻柔媚、华丽精巧、繁琐明快、自在逍遥，相比于之前的巴洛克风格和后期的新古典主义风格，反映出没落贵族们安逸享乐的、颓丧的生活趣味和审美。也有说法称洛可可风格为路易十五风格或者蓬皮杜风格，因为路易十五的夫人对于宫廷生活的设想做了严格的规定，导致这种风格呈现出一种细腻复杂且充满胭脂气的女性化形态。

🌹 2. 特点

1）府邸建筑

府邸建筑偏重宜居性，注重室内舒适、温馨、轻松、优雅氛围的营造，客厅和起居室代替了沙龙，连凡尔赛宫里的一些大厅也被改为多个小厅，来适应这个时期的娇柔细腻的风格。前院分成左右两个，一个车马院，一个干净整洁的前院，对着前院形成一条轴线，正房朝向花园的部分是另一条轴线，这两条轴线可以错开，也可以重合，如 1732 年建的马蒂尼翁（Matignon）府邸，房间很少是方方正正的。洛可可风格的特点是娇媚柔和，平面基本都是圆角和椭圆形，这种轴线布局没有功能排列的需要，仅仅是从形体方面考虑的。但即使功能处理比起前面的时期有了进步，与平面空间的对应关系仍然是有矛盾的，建筑的整体性还有待解决。

▲ 凡尔赛宫洛可可风格小厅

◆ 马蒂尼翁府邸

◆ 马蒂尼翁府邸平面图

◆ 凡尔赛宫室内家具

2）家具设计

家具设计的主要特点是纤细轻快、线脚处理精致，极大地满足了舒适性，整体的曲线很柔美，尺寸按照人体工程学设计，扶手、靠背、腿部等比例尺寸很协调。靠背和垫子使用刺绣或者绒绣制成，题材有人物、水果和花卉等，桌腿做成草叶等饰样，面板上镶有镀金的铜件，材料用了不同品种的上等木材，比如乌檀木、花梨木等，家具比较精美，装饰比较多。

♠ 凡尔赛宫室内家具

3）室内装饰

洛可可风格的室内装饰常用不对称的设计手法，线脚处理与墙面图案的曲线感相似，大多用弧形和 S 形，比如门槛、窗框、镜子边框上的线脚直接用曲线，与古典主义提倡的简单与理性相反，装饰题材贴近自然，主要是各种盘卷变化的草叶，也有棕榈叶、蔷薇和蚌壳。同时中国的瓷器给了洛可可风格装饰很多灵感，主要是在清朝时期，海外贸易的发达使中国的艺术传入了欧洲，中国瓷器制造在这个时候达到了顶峰，有些庭院设计也受到了中国风格的影响。

♠ 凡尔赛宫内部装饰

◆ 枫丹白露宫

◆ 维也纳霍夫堡宫

不同于巴洛克风格对沿用母题的喜爱，洛可可风格回避了这些并且处理得更复杂一些。圆雕和高浮雕改为小绘画和薄浮雕，去掉壁柱，放置镜子或者镶板，四周有精致的边框修饰着，壁灯常放在镜子两侧，檐口和小山花用圆线脚和涡卷代替，线脚纤细，不再像巴洛克风格那样有体积感。材料方面从大理石过渡到了木板，大理石

不符合洛可可风格的需要，冰冷且缺少亲近感，而木材的质感可以带来柔和、优雅的感觉。

有时候天花和墙面连成的弧形转角处画有壁画，粉刷的颜色喜用浅色调，比如嫩绿、粉红、玫瑰红，线脚一般是金色的，顶棚上画着蓝

◆ 无忧宫

◆ 苏比斯府邸

天白云。绘画开始大量出现，其次是雕塑，绘画摆脱了原先的宗教
题材，转向人物肖像以及一些自然风景的题材。

巴黎苏比斯府邸的客厅（Soubise Mansion，1735 年）是洛可可风
格装饰的代表作，是那个时期著名的设计师博弗兰（Boffrand）设
计的，繁盛期的著名室内设计师还有麦松尼埃。

◎ 3. 评价

洛可可风格的装饰，主要表现的是没落贵族慵懒的、奢靡的生活状
态以及纤巧华美、繁冗复杂、冲破先前习惯的审美，反对古典主义
的呆板教条和巴洛克风格的嚣张动势，但是这个时期的艺术家是
在意大利文艺复兴、巴洛克和法国古典主义之后共同影响产生的，
尽管洛可可风格有局限性，但是这批艺术家在实践中还是起到了
积极的作用——洛可可风格更加贴近生活，具有长久的影响力。在
21 世纪的服装、建筑、室内设计等领域都可以看到洛可可风格的
影响，历史上对洛可可风格的认识，如同之前提到的巴洛克风格，
评价同样褒贬不一，我们仍需要辩证认识它的创造与缺点，用全面
的视角看待洛可可风格在多个领域发展上的影响，对事物进行更
为的客观的判断和评论。

◆ 苏比斯府邸

新古典主义时期

🌀 1. 历史背景

新古典主义指的是18世纪时兴起于罗马,然后在欧洲迅速扩散传播的艺术运动,其中在英、法两国的应用发展最好。新古典主义建筑和装饰只是新古典主义运动的一部分,其他领域还包括音乐、绘画、雕塑等。在新古典主义风格出现之前,主要盛行着巴洛克和洛可可两种风格,巴洛克偏向富丽、夸张,洛可可则是柔媚繁冗的女性风格,这些特点不符合当时人们的生活与审美的追求,这种情况下新古典主义风格应运而生。新古典主义的主导思想是批判巴洛克和洛可可的非理性,认为艺术家创造艺术时应该摒弃他们的主观感受,以服务社会需求为主,主张向古希腊、古罗马的古典艺术学习。

在室内设计中新古典主义风格所呈现出来的艺术特点是庄重、理性以及简洁,并不需要过多的修饰就能够表达出设计者的心理诉求。新古典主义风格一方面传承古典的形式,认为建筑应该规整稳重,主要发展应用古罗马的五柱式;另一方面它已带有现代的思想,随着各国的发展与特色的融合,新古典主义风格成了思想碰撞之后的结晶,在没有失去其核心思想的前提下展现出多样的形态。总体而言,新古典主义用现代的手法、材质和加工技术还原古典气质,具备了古典与现代的双重审美效果,它常使用古典物件来增强历史文脉特色,用家具及陈设品来烘托室内环境气氛,新颖的组合让人们在享受物质文明的同时得到了精神上的慰藉。

🌀 2. 特点

1)建筑特点

以法国的新古典主义时期建筑为例,分为三个时期,第一个时期是古典复兴时期,也是新古典主义的发展时期,受到启蒙运动的影响,考古学发展起来并带动了人们对古典时期建筑的认识热情,代表建筑是巴黎协和广场;第二个时期是英雄主义时期,此时正在进行如火如荼的法国大革命,建筑中也反映出激情的一面,代表建筑是巴黎先贤祠(le Pantheon),又名万神庙,以古罗马时期的万神庙为设计榜样与思想源泉,它原本是路易十五时期的圣日内维夫教堂,始建于1744年,是法国国王路易十五感恩上帝所设,1791年改为纪念巴黎伟人的地方。它的地下部分沿用原有的结构,地上部分稍加改造,平面采用希腊十字式的结构。结构方面最大的特点是比原先

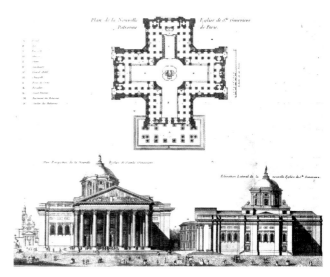

▲ 巴黎先贤祠平面图及立面图

的建筑轻，柱子变细，墙也变薄，所以内部空间很开阔，富有层次感。先贤祠中的艺术装饰美观大气，十字交叉点上方是透光的大穹顶，与下方的地砖铺设相互呼应，大穹顶的前后左右是四个带帆拱的扁平穹顶，其上的大型壁画是画家安托万·格罗特创作的。室内的雕塑题材大多是法国大革命时期的一些场景，立面构图直接仿照罗马万神庙，形体简洁朴实，但是前后整体性没有在立面上体现出来；第三个时期是帝国风格时期，代表建筑是雄狮凯旋门，体量很大，构图非常简单，可以理解为经典的三段式，檐部、墙身和基座，檐部处理得比较细致，墙上的浮雕主要以拿破仑盛世和战争为题材，形体以方形为主，具有理性的美。

◈ 巴黎先贤祠内部空间

◈ 巴黎先贤祠中央穹顶

◈ 巴黎先贤祠地砖图案

◆ 巴黎先贤祠室内雕塑

◆ 雄狮凯旋门

2）装饰特点

新古典主义更多地发展了古典文化的元素，细节部分常常引用古代埃及和希腊元素，经过改良后，装饰更加简洁，更多地采用直线和几何形式，不是单纯的复古而是追求风韵的神似。家具和配饰风格多是典雅、唯美、精巧、平和的，彰显出居室主人贵族的身份，壁炉、水晶宫灯、罗马柱作为常用装饰元素，也是新古典风格中的点睛之笔。

◆ 弗吉尼亚大学房间内饰

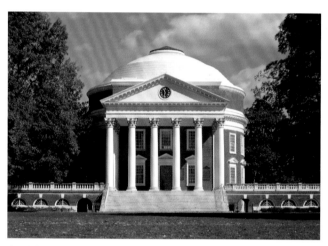

◆ 弗吉尼亚大学圆形大厅

◆ 艾斯特剧院

3）家具特点

随着人们生活环境的改变发展，设计师在保留了古典神韵的前提下对家具进行了相应的改革，简洁成为主流，结构造型理性且实用，耗费的人力、物力、财力相应减少。在选材方面，最常用的是胡桃木，其次是桃木、椴木和乌木。装饰仍以雕刻、镀金、嵌木、镶嵌陶瓷及金属等方法为主，装饰题材有玫瑰、水果、叶形、火炬、竖琴、壶、希腊的柱头、狮身人面像、罗马神鹫、环绕字母的花环、月桂树、丝带、蜜蜂以及与战争有关的主题等，装饰的表达方式更加柔和简化，让人们可以欣赏感受家具的结构美。

◆ 托马斯齐彭代尔设计的边柜

◆ 凡尔赛宫女士写字台

◆ 托马斯齐彭代尔设计的书柜

◆ 大卫的《雷卡米埃夫人》，这幅未完成的肖像画中，铜烛台和古典船型卧榻也是新古典主义时期的典型家具元素

将欧式古典家具和中式古典家具摆放在一起的做法也开始出现，这种做法融合了东方的内敛与西方的浪漫，具有多元化和开放性，这种独到之处是新古典主义发展中的一种演化。

新古典主义时期的灯具在简化后与现代的材质相结合，呈现出古典而简约的新风貌，常选用羊皮或带有蕾丝花边的灯罩，搭配铁艺或天然石磨制的灯座构成灯具的总体造型，古罗马卷草纹样和人造水晶珠串也是常用的装饰题材，搭配一些古典造型的皮质家具使用，给人大方高雅的感受。

◆ 柏林皇宫中的房间，爱德华·格特纳绘（1850 年）

◆ 中式和西式元素融合的餐厅一角，基姆·萨金特设计

◆ 新古典主义时期的台灯造型

4）色彩特点

用色方面更加灵活，常见的主色调是白色、金色和暗红，欧式风格中白色的大量加入，使空间看起来明亮而淡雅，而主调使用金色和暗红，空间感就会低调浓重一些，内部空间操作方式多变，整体氛围上保持优雅尊贵，体现出了人们开放的思想，宽容非凡的气度，以及对高雅生活的追求态度。

◆ 复古奶油色木门，玻璃吊灯，棕色木桌，蓝色大理石墙，白色浮雕，棕、黄、蓝色叠层装饰室内古典造型，古典浪漫之美和理性几何之美和谐共存

◆ 土黄色砖墙和浅色木地板塑造了带有田园气息的卧室空间，色彩和材质的选择紧密相关

◆ 左图为加特契纳宫，墙面淡雅的色彩装饰和右图的浓郁色调装饰进行对比，体会古典雅致的不同表达方式

◎ 3. 评价

新古典主义风格，更像是一种多元化的思考方式，将怀古的浪漫情怀与现代人对生活的需求相结合，兼顾华贵典雅与时尚现代，反映出个性化的美学观点和文化品位。

欧洲文化有着丰富的艺术底蕴，开放、创新的设计思想及其高贵的姿态，一直以来颇受众人的喜爱与追求。新古典主义的装饰风格是对复兴古典文化的进一步诠释，从简单到复杂、从整体到局部、甚至是精雕细琢的镶花刻金都给人一丝不苟的印象。虽然删繁就简只能保留材质、色彩的大致风貌，但仍然可以很强烈地感受到传统的历史痕迹与深厚的文化底蕴。

在建筑方面，新古典主义建筑从一种冷冰冰的物，变为一种富有人情的空间；把社会和自然相隔绝的空间，变为一种让社会和自然展开对话的空间。这正是新古典主义建筑为新时代提供的一种新价值，创造了一种与现代主义建筑不同的人性化空间，从而在协调人与人之间、人与社会之间的关系和改善建筑的亲和性方面起到了积极作用，为后期的建筑提供了有益的经验。

文 / 吴小雪

第二章

欧式风格
室内设计
元素解读

欧式室内设计在很多方面借鉴了欧式建筑结构元素，比如在室内布局上多采用对称的手法，装饰上有使用罗马柱、雕花，以及善用各种花形和交错穿插的图案装点墙壁、天花板。典型的欧式元素有装饰线、壁炉、镜面、枝形吊灯和大理石。此类风格对材料的要求可谓是精益求精，从质感、色彩到相互间的搭配，无一不需要设计者深厚的美学功底和实战经验。如今的欧式室内设计在表现出装饰效果的同时，更多地用现代的工艺和优化的材料延续欧式古典风貌，用经典的饰品和陈设注入西方文化特色，注重取舍，使现代的设计重现古代宫廷的古典绚丽。

不论历史潮流如何改变，欧式风格一直注重室内外的沟通，建筑和室内相结合设计，给室内装饰艺术引入新意。以架廊式挑板或异型屋顶为特征，使室内空间立体层次感加强，从外飘窗台或楼廊等，衔接室内和室外，弱化封闭空间，平衡人们的居住感受。

◆ 英国自然历史博物馆

◆ 亚拉巴马州州长官邸的新古典主义结构

◆ 诺福克郡的古堡：浓重的红金色和白色镶板门，是古典欧式常见的色彩搭配之一

◆ 乡村门廊：以米白色调作为背景，与植物的绿色、花朵的艳丽形成干净的对比，是较典型的欧式乡村风格

家具

古典欧式家具受到了欧洲建筑、文学、绘画、技术等多方面影响，追求高雅的美感、高档的材质，最初只有皇室和贵族使用，因此其延续了 17 世纪至 19 世纪皇室贵族家具的特点，形态上追求变化和层次感，形成连贯流畅的使用体验。细部讲究精湛的手工雕刻，轮廓曲线协调匀称，装饰面富有节奏感，疏密有致，赋予平面以立体感。现代设计生产的欧式家具不仅较为完整地继承和表达了古典欧式风格的精髓，也加入了更富有创造力、更适应时代需求的装饰元素。

🌿 1. 特点

结构复杂、色彩富丽、给人尊贵典雅的感受、散发浓厚的艺术气息，是欧式家具的典型特征，这些特征在不同时期表现出了不同的艺术魅力。如巴洛克风格着重体现整体富有张力的视觉效果，洛可可风格则具有大量细腻轻巧女性化的细节，而后来演化的新古典主义风格却减弱了过强的曲线装饰性元素。

欧式家具上极富装饰性的雕花是最为显著的特点，世代相传的手工雕刻工艺是细节上的亮点，也是品评欧式家具价值的一个重要方面。雕花以大自然为蓝本，在手工艺者对这些图案进行抽象简化和艺术加工后，最终呈现于木制家具上。雕花的位置、数量、比例也同样讲究对称和协调，这样繁复的雕刻图案就不会有杂乱无章的视觉感受。不论是浮雕或是镶嵌，一般来说雕刻越复杂，工艺越精美，家具的使用和收藏的价值也就越高。在所有欧式家具中，巴洛克与洛可可风格最强调线条与雕刻工艺，而巴洛克风格更加豪华夸张，空间更富有热情。

除了表面的精美灵动，其隐蔽部分的处理，也决定了家具的品质优劣，是细节的另一表现。衔接处是否平整稳固，受力是否均衡持久，能带来怎样的使用感受等，还有很多细节都能观察出家具在制作过程中是否用心，制造者工艺是否纯熟，也关系着家具使用期限的长短。

🔺 抽象化且造型独特的扶手雕花是这个沙发长椅的点睛之处，给方正的体态加入一丝柔美

🔺 简约的床头柜也包含了欧式的细节元素：凸出的装饰线和仿柱式桌腿

♦ 巴洛克风格的扶手椅，金色涂饰突出雕花和曲线，布艺部分填充非常饱满扎实，存在感很强

♦ 床尾凳（亦称脚凳）的美感依靠对称的曲线和雕花

♦ 纤细优美的木线条，造型多变富有创意，与雕花细节相呼应

♦ 宝蓝色绒布印花工艺为家具平添古典欧式中的典雅和高贵，布料收口边缘用金色铆钉加固，兼具装饰作用

♦ 花叶镶嵌式单板手工雕刻出不同的菱形花纹

🌿 2. 材料

欧式家具常用主材是实木，包括榉木、橡木、樱桃木、柚木等，颜色限制不多但强调成系列地表现设计，风格统一。手工家具比量产家具温润感更足一些，体现在截面、色彩、使用感受上，前者是手工艺传承的载体，更是文化的表达，因此有非常高的使用价值和收藏价值。外形厚重凝练、线条流畅、高雅尊贵、细节处雕花描金、严丝合缝，经得起时间的考验，不论古今中外，真正的手工艺者对产品的要求都是精益求精的。家具布艺的面料和质感很重要，例如丝质面料搭配刺绣纹样显得更加高贵典雅，其他面料还包括天鹅绒、锦缎和皮革等。五金件常使用青铜、金、银等材质，以突出室内富丽堂皇的氛围。

◆ 弯腿 (Cabriole) 胡桃木仿古家具

古典贵族式的欧式风格家具，往往都是以华丽的装饰、浓烈的色彩、精美的造型来达到雍容华贵的装饰效果，具有典雅、高档、气派的特点。随着我国家装市场的繁荣发展和人们个人审美的转变，这一经典家居形态颇受大众欢迎。此类家具多采用高档全实木所制，巧妙运用黄金比例分割，使家具呈现出视觉形态美。目前我国市场很

多木制家具主要是实木加人造板材组合而成，实木的采用比例和加工工艺不尽相同，价格没有全实木家具昂贵，同时相应地弥补了一些全实木家具的缺点，比如开裂、变形等。而全实木家具无论在造型塑造、使用体验感和收藏价值上来说都更胜一筹，因此需要使用者结合实际进行选择搭配。

◆ 哥特式扶手椅，雕刻的狮子、皇冠、花卉等纹样精致复杂，碎花布艺使扶手椅增加些许田园气息

◆ 仿柱形墙面柜，样式较古老

◆ 结构造型突出是新古典主义时期的特点,雕刻装饰小巧精细

◆ 简约轻巧的桌椅在细节之处仍然透露出带有历史感的古典韵味

🌿 3. 搭配

欧式风格别墅装修要用造型诠释和突出高贵华丽的空间气质,营造浓厚的西方文化气息。同样,在家具选择上,也要注重造型的选搭,一般采用合适比例的宽大厚实的家具,配以精致的雕刻,整体才会有高雅温馨的感觉。普通的平层住宅如果选择了欧式风格的装修,宜选用体量较小、实用性强、现代感更明显一些的家具产品,这样室内空间显得更简洁、明快。这类家具的外形提取了欧式经典元素,比如少量曲线,简明精致的雕花等,一来和整体空间协调,二来能打造欧式典雅的氛围。

◆ 法国维朗德里城堡,大理石地砖,整面护墙板,色调典雅温馨,装饰精致,整体有种平衡和谐的美感

◆ 沙发扶手椅简洁的曲线和经典的弧形兽脚,既有现代感也具有古典美,布艺的色彩与墙和地面呼应,以石材为主材的墙和地面淳朴自然,是欧式乡村风格的经典搭配之一

❧ 所有家具的质感都比较稳重，窗帘体量丰盈，线形流畅

♠ 在颜色单一的情况下，用不同材质的家具和装饰品可以丰富空间层次，厚重的家具和纤细的台灯、装饰画框等形成和谐对比

♠ 近处的台灯造型和远处的斗柜造型有着典型的欧式装饰曲线，主体家具简洁明快，强调舒适性

♠ 所有家具简化装饰，有种新古典主义风格的低调、优雅

♠ 会议厅、舞厅，简明对称

欧式家具与墙面、地面以及天花板上的欧式装饰细节应该是相称的,譬如色调的和谐,带有西方古典图案的地毯与家具布艺的搭配,以及陈设品卷曲的造型和石膏线造型的呼应等,整体来看相映成趣,这样就能显出大体空间基调。

◆ 拉扣工艺的银灰色沙发和整体空间色调相配,一个圆形沙发就丰富了这个儿童活动室的动线,兼顾了风格搭配和功能作用

家具的设计根据个体要求不同、侧重不同,表达出的设计感受也不同。有的欧式家具会表现出整体空间的庄重宏大,艺术与逻辑感并存;有的家具则更多地展现了细腻的浪漫情怀,设计情感带有女性化的柔美雅致,甚至带有梦幻感。不论是哪一类的空间感受,都要注意的是,欧式家具特点鲜明,对于空间布局以及配饰选择都有较高的要求,将整体的搭配、摆放位置掌握得恰到好处,才能最大程度地发挥出欧式家具的魅力。

随着时代发展,如今欧式家具普及全球,逐渐走入寻常人家,此类风格吸取兼并多个文化的精华,对细节精益求精,并融入现代设计思路与需求,从而可以更加贴近生活,更具有实用性。国内一些喜爱欧式家具的家庭或多或少都会摆放一些欧式家具或者整屋装修成欧式风格,以享受独具特色的异域文化,追求高品质生活,彰显个人实力。

◆ 以深红木色为主,家具体量感轻盈,平衡了庄重沉稳的色调,其中布艺窗帘增加了一丝田园氛围;若窗帘换为绒布烫花,整体空间格调又会焕然一新

◆ 现代简约欧式风格的休闲室

❧ 4. 功能空间

1）客厅家具

在确认平面布局后，欧式客厅要利用家具等软装饰来加强整体高雅别致的效果。欧式客厅往往被设计成一种宽敞高挑的空间结构，大面积落地窗或宽敞的玻璃窗带来了良好的采光，视觉上开阔明亮。搭配精致气派的落地窗帘，木质细腻富有韧性的实木家具，色彩和谐亮丽的布艺沙发，都是欧式客厅里的主角。顶部为了保持空间高度，在天花板四周做带有造型的吊顶，形成优美的天花灯池，并用富有感染力的枝形吊灯营造气氛。

♠ 植物印花布艺、摆件和墙面上的装饰线条使明亮的空间有了欧式乡村的情调，大面积的落地窗透入更多自然美景和光线

♠ 宝蓝色的绒布坐凳给白金色调的温馨空间里添加一丝时尚感

♠ 装饰性强、色彩亮丽、家具整体搭配协调统一，使人强烈感受到欧式宫廷内部的华丽张扬

客厅通常有壁炉或装饰壁炉造型。由于欧洲的地理位置处于北半球，大部分地区终年盛行西风，各地气候深受海洋的影响，较为阴冷，室内壁炉应运而生，它被安置在空间结构的交汇处，在宽敞的客厅中形成了一个视觉中心，成为连接室内外的一种媒介以及西方文化的典型载体，并渐渐和西方节日文化有了不可分割的联系。在现代欧式空间里，壁炉往往更多的是起到装饰、烘托氛围的作用，让人们使用起来更为智能便捷。

❖ 壁炉两侧利用凹进空间摆放书籍摆件，人们围绕在壁炉前的互动沟通活动更加多样，这里既可以进行会客、聚餐、休闲等活动，还有一部分书房的功能

❖ 罗马帝国时期修建的塞南克修道院的内部壁炉

❖ 现代简约的欧式壁炉，内部可以采用电子控温等科技手段，上方设置的电视同样遵循着人们的生活方式

❖ 壁炉处的石材墙面以及木框装饰条是乡村风格中常见元素，他们与简约的欧式家具一起融合成不同质感，形成混搭空间。围坐式沙发的摆法便于人们交流，增进沟通

沙发的摆放有背靠窗、背靠桌几等多种形式，以壁炉作为起居室中心，沙发多以组合形式围绕其摆放，配有单人椅等。古典欧式沙发的特征明显，最易辨认，造型厚重、曲线流畅、色彩浓厚，即便是没有印花或刺绣等的点缀，通过选用光泽度高的细腻的丝质布料，搭配纯色的布艺，木制部分的雕花装饰线描金，同样能描绘出欧式的华丽高雅。

鉴于古典欧式沙发有很多的装饰细节和制造手法，稍微借鉴其中的一部分就可以形成一种更新颖的产品，分支出更多的风格特点，所以现代简欧主要传承欧式风格的精髓，更注重延续功能、结构造型和材质的优势。沙发的表现形式发展到现在早已超越了风格的界限，西方很多历史悠久的著名家具品牌，他们的产品发展最能体现欧式风格的发展路程。

除了沙发，桌几和边柜同样有丰富的装饰图案。在造型上摒除方形棱角的单调，一是靠立体装饰花纹增加柔和线条，二是将主体设计为曲面造型，比如曲线形桌腿，正面凸出形成弧形的边柜，这借鉴并简化了巴洛克风格中对家具夸张外形的装饰特点。

❖ 色彩的简洁统一同样可以使空间有欧式复古韵味，比如家具布艺与墙面颜色统一，家具的木制色彩与装饰画框、窗帘颜色统一

❖ 光泽度高的白金配色沙发彰显高品质感，在深木色家具中尤为突出

◆ 整体感受更多的是舒适自在的混搭风,但细节上还是有很多欧式经典元素,如沙发椅造型、人字形木地板和花纹地毯、布艺褶皱灯罩台灯等

◆ 整体灰咖色调里,白色拉扣皮质沙发和彩色抱枕比较出挑,茶几边缘、挂饰、遮光帘等金属质感的融入强调了新古典主义风格的氛围

◆ 正面凸出弧度的边柜和椅子的布艺花纹巧妙搭配,使空间一角也带有欧式浪漫

2）餐厨区家具

根据欧洲人的饮食生活习惯，厨房多被设计成开放式，并配有岛台及吊柜。由于欧洲宫廷贵族常有聚会、舞会、仪式典礼等大型的聚集活动，厨房及餐厅区域所占面积也非常大。现在的厨房区域相较以前而言更加注重功能而不只是装饰，较大的空间会把厨房、餐厅、吧台等多种功能区结合到一起，使生活在其中的人们有更多的沟通和互动，在美观实用的前提下，充分利用纵向空间，吊柜可以纳入更多的零散物品，使整体不显杂乱。

❖ 维多利亚时代厨房：煤气灯、铜餐具、石材地板

❖ 铜质餐具

❖ 维多利亚时代烹饪区

❖ 餐桌上有各种用途的餐具和装饰物，层次丰富，和注重装饰的古典欧式　❖ 更为田园简约的就餐环境
　空间相得益彰

❖ 现代的欧式厨房更加充分利用
　空间，智能高效的烹饪设备嵌入
　其中，大理石台面和木制柜体是
　厨房中的常用材料

3）卧室家具

床是卧室空间的主体家具，其中床头由造型多样的床头板组成，多采用软包或硬包来增加床头的柔软舒适感；床身采用厚实富有弹性的床垫，上面的布艺层叠相加；床尾有床尾凳，或是一张舒适宽松的卧榻。收纳类家具除了立式衣柜，也常会用到斗柜，它同样有精致的雕花和优雅的曲线装饰。在卧室这类私密性较强的区域，不论家具如何丰富多样，最重要的是要创造出舒适安逸的休息空间，一切摆饰尽量以美观、实用、和谐为主。所以色彩的选择也是以米黄、米白为基础的色调居多。除了前期完备的功能区规划、细节设计，也需要欧式家具的合理筛选搭配：木制家具更能营造出自然放松的环境，选择棉质、丝质的布料组合起来，使卧室弥漫出优雅的气质和生活的品质感，强调经典而不失时尚、惬意兼有浪漫的氛围。

◆ 卧室整体色调淡雅清新，床品布艺的色彩质感与窗帘相搭

◆ 整体色彩干净明朗，家具为同一色调，通过家具的造型来塑造空间风格，花艺成了卧室的亮点

◆ 现代简约的欧式卧室里，通过壁纸、床品和灯光效果搭配，营造出充满生机的自然氛围

◆ 弱化色彩搭配，用不同的质感和造型塑造空间气氛，不论是家具还是装饰细节无不透露出欧式的别致优雅

❖ 光泽度高的深色皮革软包和格子团花图案床品有乡村复古的味道，带有古典欧式装饰元素的床头柜和台灯丰富了空间

二
布艺

布料作为主要装饰元素之一，在设计表达中起到重要作用。布艺有趣的地方在于，它可以用到空间里的任意元素中去，每个角落都会有它的身影，有时以细碎或者大块的形状出现，有时单独或者依附于一些物体，以此表现其使用功能和装饰功能。相较于对布艺面料和质感的筛选把控，更重要的是对表现手法的研究及运用。

欧式风格空间里的布料在视觉上色彩较饱和丰富，常用色织、印花等工艺，多用棉、丝、绸缎和绒布，亚麻类的面料多用于自然田园的氛围。一般来说，布料选取的原则是在触感上以舒适柔软为主，强调厚重感、层次感，整体具有繁复奢华的感受。

◆ 扶手椅上一些受力部位采用了布料填充，一来使用舒适，二来具有装饰性

◆ 纯色绸缎上简单的装饰物、若隐若现的提花凸显室内细腻雅致的格调

◆ 绣花、蕾丝等也是布艺中常见的工艺，即可装饰于绸缎、棉等布料上，也可单独使用，侧重于营造浪漫优雅的室内环境

布艺沙发组合有着丝绒或绸缎的上乘质感,加上现代的制作工艺,把传统欧式家居的奢华与现代家居的实用性完美地结合。靠枕的布料选择要与整体和谐搭配;床品布料的质地要更加考究,部分床幔的装饰部分用薄纱、蕾丝及带有造型的吊坠等,与装饰性强的窗帘部分相辅相成;窗帘的设计更加多样,窗帘帷幔是西式传统布艺装饰的标志要素,可以有多种纤维布料的组合,特有的裁剪缝纫手法构造出疏密有序的褶皱,增加层次感,使空间环境表现出华美、浪漫的气息;地毯厚实平整,图案和色彩相对平和协调,辅助性的装饰可以达到平衡整体的空间效果。

◆ 浓郁的暖色调渲染出复古的气氛,沙发的缎面布艺和金色大马士革花纹使设计更偏向欧式古典风格

◆ 棉麻布料的床品营造自然朴素的空间,水洗效果的团花图案抱枕兼具古典美和田园气息

◆ 亮点在于床头板的弧线收边,简化的雕花装饰成了床的点睛之笔,床头硬包条纹和抱枕条纹呼应

◆ 不论是窗帘、壁纸还是地毯都以花草图案为主,色彩饱满柔和,搭配方式自由大胆,纯白的纱帘起到过渡作用,并减弱碎花的视觉饱和感

◆ 整体素雅的欧式环境中，靠枕布艺装饰可以适当夸张以丰富空间，蕾丝覆盖、提花、绣花布艺等都是常见的装饰手法

❖ 较典型的维多利亚时期的窗帘装饰，帘头金色造型收边和丰富的细节装饰，存在感强而又不突兀

◆ 通过对造型的设计，简约自然的布料也可以打造出欧式风格的优雅格调

🌿 1. 墙面装饰

墙面占据了空间很大一部分面积，在欧式古典装饰中，墙面主要由丰富的装饰线条或护墙板组成；而在现代的欧式设计中，考虑到经济成本、维护难易程度、环保便捷等因素，常用壁纸和壁布代替护墙板。壁纸主要材料为无纺布、纯纸、树脂，其中无纺布壁纸使用得更广泛一些，纯纸壁纸表面更光滑，树脂壁纸立体感强，较好打理。而壁布主要材料为棉、丝和混合纤维等，质感更细腻，并带来更上乘的品质感。有的装饰有刺绣或者发泡花纹，形成浅浮雕；有的壁纸还会有植绒花纹，质感更新颖。根据新型材料的研发和工艺的发展，会有越来越多的更环保优质的壁纸和壁布运用到装饰中。

◆ 锈红色的大马士革纹样壁纸，使空间整体看上去具有悠久的历史感

◆ 所有使用布艺的地方都统一了色彩花纹的搭配，深蓝绸缎底面上装饰金色的花形图案，营造出沉稳大气的氛围

欧式风格壁纸大体能形成两类空间感受。一种是以较浓烈的色彩、多样的花纹达到雍容华贵的装饰效果，常用花叶植物图案搭配，花型有大小的比例分配，杂而有序。比如经典的大马士革纹样，墙面大面积地使用会使视觉饱和度提高，空间显得活泼生动，还能根据色彩的明度和花纹纹理的深浅等调节不同的装饰程度。另一种就是自然淡雅的装饰效果，相较而言更加舒适、现代、朴实，常用条纹、碎花或简化的几何图案，这类壁纸更加注重衬托和搭配家具与装饰物的特点，从而塑造出空间整体时尚自然的效果。

♠ 不同种类的大马士革纹样

♠ 凡尔赛宫室内所有的布艺纹样全部一致，整体感强，层次感较弱，在现代欧式设计中是比较少见的

❖ 用凹凸质感的团花壁纸做矮墙裙，不同壁纸间的接缝用石膏装饰线遮挡，装饰和实用功能并存

❖ 涡草图案壁纸可以烘托出一种回归自然、清新自在的氛围，适合用在欧式田园风格的空间里

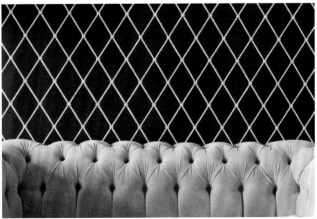

❖ 带有柔和曲线的菱形图案给室内空间增添时尚活力

❖ 现代欧式风格壁纸搭配多样化，可以选择几何形状等抽象图案，使整体加强韵律感

🌿 2. 地面装饰

欧式风格地面装饰采用波打线及拼花进行丰富和美化,也常在实木地板上进行拼花铺设。宽敞气派的空间多用石材地砖,反之,在较小面积的空间多用木地板。地毯在装饰空间方面常常会压过地板和地砖的风头,后者在室内装饰中对工艺材料的要求较高,并且在短期内无法更换;而前者则可以随四季甚至随心情更改,便利多

♦ 家具和墙面有夸张的巴洛克式装饰,鲜亮的蓝丝线布艺突出主体色彩,地毯颜色能降低明度,烘托主体

♦ 红色和米黄色是欧式古典风格地毯中的常见搭配。大块、高灰度的几何碎花地毯增加了空间的年代感,和复古样式的家具、钢琴相配

♣ 家具和地毯颜色鲜明,用色完整,比例恰当,因此不显杂乱,地毯中心的圆形花纹图案和桌椅围合的交流区也相互呼应

♦ 大红色和金色搭配更具有皇家风范，形式感强，多用于正式场合的室内空间，以及权威机构的室内装饰中

样且实用性高，其形状、材质、花纹图案种类繁多，舒适感和独特的质地与欧式家具的搭配相得益彰。

居住空间中的地毯最好选择色彩相对淡雅的，尽量和家具、墙面布艺有所区分又相关联。色调能够在墙面、地面和家具之间起到协调的作用，烘托出欧式风格的古典优雅。图案多用经典的卷草和藤蔓这类自然花纹，还有人物、动物、风景、故事型图案，以及几何形图案。地毯除了有保护地面、维持整洁、隔音保暖的作用，还有划分功能区域的作用，在欧式宽敞通透的空间里这一点尤为突出。

♦ 地毯菱形碎花中的蓝色与墙面上的蓝色一致，其他以白色为底，红色点缀，田园风与古典风并存

♦ 现代欧式抽离复杂的装饰，更加简约，注重功能，大多数地毯纹样采用机器编织，使用人造合成纤维等材料，便于清理，环保耐用

三 灯饰

光影是烘托室内氛围的要点。欧式灯具的人造光影辅助不仅可以塑造欧式风格的宏大华丽，其外观造型更是一件艺术品。像铁艺枝灯、水晶吊灯，它们的外形线条丰富圆润，装饰整齐划一，经典造型的吊灯不仅能强调欧式风格的气派和精致，还赋予了整个空间韵律感。水晶灯是古典欧式风格灯饰的代表，有序排列的外形，丰富的曲线造型、材质表现，使室内流光溢彩，更突出了金碧辉煌的场景。

灯具需要与天花灯池搭配相称，主要体现在色彩搭配和形态搭配。简单来说，如果想要突出空间内部华丽古典的氛围，让人们欣赏室内顶部丰富的装饰，体会空间的奢华辉煌感，水晶吊灯是不错的选

♠ 宫殿中的装饰往往极尽奢华，吊灯中由光线反射出的金黄色和空间中的蓝白色形成柔和对比，婉约雅致而又不失大气

♠ 复古的铜制水晶吊灯细部，这类灯具也是华丽的艺术品

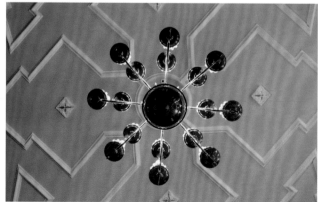

♠ 西班牙穆尔西亚赌场的蜘蛛灯（上图）和烛台吊灯（下图）。吊灯造型和天花装饰造型搭配，具有点、线、面构成的美感

❖ 在空旷的城堡大厅中,装饰复杂繁琐的水晶吊灯也并不显得夸张,反而可以充实空间,营造氛围

❖ 吊灯在空间中形成一个视觉焦点和亮点,色彩与大环境协调搭配,将人们的视线集中在灯光范围以内

择,晶莹剔透的外形不会喧宾夺主,加上灯光的交相辉映更是美轮美奂。若是需要人们的注意力完全集中在欣赏家具装饰上,那么吊灯的光就不能过多照射到顶部,在色彩和外形与整体协调搭配的前提下,吊灯要比顶部天花的装饰更加美丽耀眼。

私密性强的房间内采用反射式灯光或局部灯光来照明,这类点光源主要烘托出舒适、温馨的感觉,削弱华丽高雅的陈设带来的庄重感,使生活气息更浓郁。比如壁灯,在整体明快、优雅的空间里,泛着朦胧的灯光,浪漫之感油然而生。

❖ 镜子两边的壁灯能够消除阴影,柔和镜面中呈现出的图像,多用于卫生间的洗面台等区域

❖ 卧室里,在床头设置壁灯,在装饰墙面的同时也利用灯光效果营造温馨氛围

❖ 台灯除了烘托氛围,也是欧式风格空间中必不可少的陈设品

❖ 瓷质玫瑰灯座和刺绣台布富有浪漫情调

四
装饰物

在欧式风格中，从大件的家具、墙面，到日常用品这类小物件的装饰，都会强调曲线美和细节美，常饰有花梗、花蕾、藤蔓以及自然界各种优美起伏的形体图案，表现载体多种多样，有铁艺制品、陶艺制品、玻璃、瓷砖等，它们综合运用于室内装饰中，构成丰富多变的空间。

应用在墙面、栏杆和家具上的装饰纹样，有的柔美雅致，有的严谨而富于节奏感，细碎繁多的装饰有序地融为一体，涡卷花草与贝壳浮雕是常用的装饰手法，雕刻技艺繁复细腻。曾受到过中国描金彩漆家具的影响，欧式家具表面也采用漆底描金工艺，画出风景、人物、动植物纹样，有些家具甚至在雕饰纹样上贴有金箔。

◆ 边几的曲线纤细优美，桌角和桌边的金色装饰具有西方古典特色，而桌面的图案装饰又具有东方韵味

◆ 椅背挺拔古典的装饰造型借鉴了些许建筑元素，墙面、椅背、花瓶三者色彩呼应，注重搭配和谐

◆ 金色浮雕元素在欧式宫廷和贵族阶层的家具、墙面上随处可见，把人物故事和意向化的自然花纹结合，塑造出高贵夸张和具有艺术美的家具

◆ 雕刻细腻流畅的植物缠绕图案，多见于建筑外立面砂石墙面

◆ 木制浮雕镶嵌塑造出强立体感，使得明暗对比清晰明显，图案活灵活现

◆ 天花板壁画，欧式风格中的绘画以宗教故事内容为主

◆ 铁艺楼梯护栏以随性自然的连贯曲线为主，金色的点缀提升其复古质感

◆ 方形藻井天花板造型。欧式的藻井吊顶有更丰富的阴角线、暗纹及浮雕

◆ 墙面和顶部交接处的装饰性石膏工艺。在多样的石膏造型上面涂有金漆或绘有优美的图案

在古典风格中，生活用具和摆件装饰更加复杂多样，一些细节繁冗的装饰造型穿插其中，并多用铜制、银制品以及陶瓷、玻璃等材料，使其带有十足的分量感，与空间内华丽的内饰相称，以彰显皇室贵族的气派。

◆ 铜制糖碗，独特的造型和选材使其带有些许异域风情，连勺把上也有细致的雕花

◈ 雕花玻璃棱镜烛台和陶瓷金属烛台的材质不同，但同样表现出了欧式具有感染力的古典美

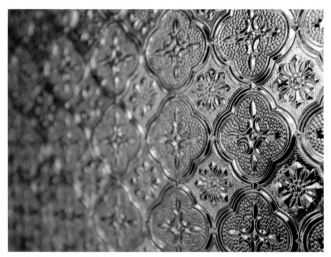

◈ 轮廓线形分明的玻璃雕花

🌿 1. 装饰画

装饰画内容可以选择抽象画或摄影作品，配合带有金属质感的画框；也可以选择一些个人偏爱的西方艺术名家的油画复制品，搭配

线条繁复、边框立体感强、较厚重的画框，和整体风格协调一致。西方古典绘画利用透视手法营造空间开阔的视觉效果，契合欧式气派的感受，不仅可以直接把西方艺术带到家里，还能营造浓郁的艺术氛围。

◈ 巴洛克式的装饰框，厚重且立体感强，是一种热情浓郁的装点，它小巧的体积并不显得笨重

◈ 装饰画及画框色彩和家具饰品颜色相似，金色边线提升优雅的品质

◈ 大小不一的装饰画布满墙面，统一的金色画框和沉稳的油画色调使得墙面不显凌乱的同时，增添历史文化内涵

🌿 2. 花艺

柔和的花艺能为整个空间带来生机活力，鲜花作为艺术性的装饰，在欧式风格装修中必不可少。西方花艺主体用大朵花材，花朵饱满，色彩饱和度高，球形曲面造型为主，三角形、扇形式样的应用也很多。花材多用玫瑰、月季、康乃馨这类花茎挺拔的团状花。花器形态、材质多样，选择范围很广。为了烘托教堂的神圣光明，突出皇室宫廷的高贵典雅，有瓷器、铜器、石材、玻璃等，多变的造型可以有无尽的创作组合，总体给人以开放、繁荣的感受。

现代欧式花艺设计不强调"固定搭配""经典搭配"这类说法，不拘于框架内，展现更多的是设计者、居住者对空间的情感的表达，比如可以用伞桶、鞋、帽子、纸袋和养有鱼的鱼缸等作为盛放花材的容器。

◆ 古老而经典的花器造型，质感厚重搭配精湛的雕刻设计，瓶口、把手、底座上自然写意的立体图案极富美感

◆ 水平形的花束常常出现于正式礼节性的餐桌文化中，装饰餐桌同时也给用餐者带来愉悦美好的心情，运用在家居生活中不失为一种生活情调

❖ 烛台和花束结合的装饰造型独特新颖，是装饰和功能的良好结合，用在一些社交场合中非常容易烘托气氛

♠ 受古希腊文化的影响，欧式古典花束比较讲究几何形的造型艺术，多选用色彩浓郁的大束花材进行室内装饰，颜色绚丽但不艳俗

♠ 随着时代发展，现代欧式花艺突破几何构图的局限，融合东方花艺审美，流畅优雅、简洁清新的自然式构图倍受青睐，花材品种选择不局限于大朵花形，珊瑚樱和干花草做主体花材也可以撑起环境气氛

♠ 陶罐、浇水的铁桶以及富有创意的组合材料花器都成了现代欧式花艺中常见的元素

🌿 3. 门窗造型

门窗轮廓除了方形，顶部区域也多用优美的圆弧形，造型感强，再用带有花纹的石膏线加强边缘立体感。仿柱式的设计会出现在很多地方，比如门框、窗框，典型的罗马柱造型有时也会被应用在室内墙面，形成一块特定功能区域，比如电视背景墙、展示墙等。柱的造型在室内大多以装饰为主，使整体空间具有更强烈的西方传统古典气息。

◆ 仿柱式的门框

◆ 木制加铁艺的大门有种中世纪遗风，门框是石材仿柱式的雕刻

◆ 精致的球形门拉手，红金色搭配既复古又经典

❖ 几何立体装饰线显得门非常立体厚重，细部中的狮头和门把手金属材质提升了质感

❖ 彩窗和柱式窗框组合，墙面壁纸和古典花纹以及上沿的大面积连续叙事性绘画装饰，共同营造出极具欧式古典美的空间

❖ 哥特式教堂窗户狭长，这样大面积的窗户取决于建筑结构的演变改良，同时在室内营造高耸入云的感受

❖ 教堂等一些宗教场所多用彩色玻璃，上面装饰有宗教故事人物或者文字等，主要使信教者的心灵受到洗礼

Tips

❶ 不同空间设计的侧重不同。欧式风格涵盖的地域、历史范围都比较广，文化要素相互影响交融，因此表现形式丰富多样。比如用在别墅、会所和酒店等一些大型工程项目中，大多需要体现一种高贵、奢华、气派的感觉；而在普通住宅项目中，则要重点表现浪漫、优雅和精致的生活态度。

❷ 少用固有的设计套路，多开阔思路。欧式风格发展到现在，不论是古典欧式，还是简欧等，都会有一些侧重的元素混搭在里面，比如有的造型更富有法式浪漫风情，有的色调采用了地中海风格里的黄、白、蓝的典型配色，有的家居单品甚至会选用包豪斯派的设计。无论如何，设计欧式风格的手法多种多样，只要表达准确，不妨开拓属于自己的新颖独特的欧式风格。

❸ 选择重点突出风格的物品。空间中如果大部分家具装饰物的风格特点不突出，就需要一两件物品来强调风格，大体有两种方法可供参考，一是要在视觉焦点处，常常是空间中心，或者区域围合中心，放置曲线雕花的欧式沙发、枝形吊灯、大簇的团花花艺等；二是色彩对比，包括色相、饱和度、冷暖对比等，例如一张色彩与大空间形成互补的欧式躺椅，一面金色卷曲花型描边的穿衣镜等，这个需要设计者整体把控平衡。

欧式风格囊括了多个时期、多个地域文化元素，涉及面很广，我们现在常说的地中海风格、法式风格都属于欧式的分支，美式风格也是由欧式风格演变而来。风格的分类没有那么严格谨慎，它是不同

▲ 温莎椅最早在18世纪兴起于英国，一般用于欧式乡村风格居多，但是由于它的百搭性质，中式风格中也会借鉴使用。图中孔雀蓝墙面和木色地板形成色彩对比，白色家具和装饰柔和过渡两者的对比，这个空间一角基本靠色彩来营造氛围，欧式元素和谐地装饰在其中

阶段的日常体现，风格这个概念也是后人提出来，以便于区分描述不同的设计作品。

给不同的室内元素赋予风格标签的目的，是为了可以使人们更好地理解设计，欣赏设计，表达设计。现代整体设计中，环保科技工艺是一切的前提，色彩和造型是塑造空间情感的两只手，在理解掌握的基础上，更好地运用它们，不断地改善发展并服务于人们的生活情感，这是最终的目标。

▲ 床头金色装饰线和床品布艺图案流露出一丝古典的气息

▲ 冰岛哈尔格林姆斯教堂

第三章

欧式风格
室内设计
案例赏析

北京华润西山墅下叠

项目地点：北京

项目面积：408 m²

软装设计：LSDcasa 事业二部

别墅位于北京西山山脉半山阳坡，是华润置地在北京打造的顶级山地别墅作品，拥有良好的自然环境和生态景观。此项目带有浓郁的法式中国风，通过精致而丰富的细节，展现一种崭新的生活方式。

在设计之初，不仅要考虑如何通过软装陈设放大项目的核心价值，同时还要为一种已成经典的风格体系带来设计的新意。通过重构新古典与东方文化之间的色彩关系、考量与平衡室内陈设的对称性，以及在打破传统融入现代东方等进行了美学上的探索与尝试，这个曾让整个西方世界都迷恋的法式中国风，会重新绽放出怎样的光彩？

18 世纪是欧洲盛行中国风的黄金时代,与洛可可风格诞生于同一时期,这一时期的艺术风格特征给人留下浪漫愉快、轻柔优美的印象。洛可可艺术家为了迎合上层人物享乐的情趣,以及他们对中国文化的憧憬与向往,结合时下盛行的元素把东方情调和艺术形式融于绘画作品、建筑、室内设计、装饰之中。

一层空间设计以此为背景,客厅以典型洛可可元素定义家具细节及饰品,La Casa 和 John Richard 两大高端家具品牌的加入酝酿出中国热的空间前奏。以蓝灰色、米色和金色,配合孔雀绿为主色调,点缀明亮的橘色和青花瓷色,再搭配画家郎世宁的经典照片以及中国宫廷花鸟主题元素,一场中国文化热由此开始。

客厅优雅而华丽、热烈而绚烂,家具以中轴对称为平面布局,强调空间的用餐仪式感,副厅的设计与陈设轻松随性,饰品伴随青花瓷元素介入空间,以此呈现热烈的东方色彩。家庭房与客厅相连,设计以男性社交为主,呈现硬朗、绅士、内敛的空间风格。餐厅是唯一的挑高层空间,装饰线条与空间形成仪式感,色调以优雅的墨绿为主,水晶餐具与古老的铜制烛台交相辉映,营造了18世纪法国贵族生活方式,社交、礼仪、文化在此华丽上演。

进入二层，电梯厅的设计通过花鸟元素及法式中国风，用最正统的陈设手法拉开序曲，也为空间加强对称性，与休闲室形成一个强烈的对比。私密的卧室空间，陈设以浅咖啡色、蓝色和金色为主色调，点缀粉紫色、翠绿色来进行空间的演绎。主卧摈弃过于浮夸的造型，强调精髓所在，以此营造既能融入现代又能展现华丽、尊贵的宫廷氛围。此外，设计延续了欧洲古典宫廷华丽的气质，家具以金箔雕花、优美曲线为主，并结合了象征欧洲宫廷的蓝色、橘色，及具有东方特色的丝质、刺绣面料，以此展示女主人的优雅个性。

地下一层分为家庭阅读室和女主人休闲室两大空间，空间以蓝灰色、白色和金色为主色调，点缀翠绿色和绛紫色，营造舒适轻松的休闲氛围。家庭阅读室兼具休闲阅读及读写功能，设计强调中西文化结合所体现的和谐精神。尤其体现在洛可可风格的绘画中，它是在结合西方传统文化的基础上，同时吸收东方文化发展而来，其极度奢华、繁琐装饰的趣味与18世纪清代宫廷的趣味有着异曲同工之妙。

家庭阅读室通过收藏画、艺术品以及古董来体现空间的收藏主题艺术，如经典的官帽椅、20 世纪早期木壳座钟、老巴黎西洋挂钟以及 19 世纪 20 年代的英文打字机——雷明顿。而女主人休闲区的设计，则结合女主人的个人喜好，营造奢华、浪漫、甜美极致的场所，带给人们美好的下午茶时光。

萨加波纳克小镇住宅

项目地点： 美国，纽约，萨加波纳克　　**设计师：** Gldeno Mendelson

摄　影： Eric Piasecki

设计师认为要融合不同时代的陈设，首先要注意平衡体量。比如客厅里的定制沙发和古董椅，他们有弧度相仿的扶手，色调近似的实木底座，然而不同的是，沙发的整体造型是敦实厚重的，扶手椅的线条构造则显得纤细轻盈，设计师喜欢它们在一起呈现出的反差和融合。

此外，还有近似形态之间的呼应，古董椅和对面沙发旁的意大利式杂志搁架，在木质、色泽、造型线条上近似，它们并排放在一起不会特别突出，但一旦相对陈列，却能形成室内共鸣。

设计师在客厅的另一侧用定制长沙发搭配 20 世纪 40 年代的复古法式休闲椅和现代风格的咖啡桌，错落的桌面构成极具韵律感的有趣场景。沙发上方的风景照丰富了视觉，同样带来和谐的平衡感。

起居室采用了来自海洋的蓝色和来自沙滩的米色，这得益于当地跨越海滨、渔村和农场的多变风光。通道尽头的休息区充满小情趣，地图壁纸、工业吊灯和橙色的挎包，让人联想起浪漫的旧时光。

整个房子的设计融合了传统样式、现代风格和一点工业化元素。混搭总是能让事物变得更有趣。而工业元素是设计师近来很感兴趣的新尝试，像楼梯拐角的齿轮。

八角形办公室发挥了设计师大胆的创意，横条纹的墙纸有别于全屋清新淡雅的色调，进一步强调办公室的特殊造型，放射性的吊灯配合天花板的抽象花纹，仿佛在营造一个神秘莫测的星空。

设计师特别喜欢主卧,其空间用色柔和、轻盈,搭配不同质地、纹理的纺织品,既有趣又不失宁静安逸,这种放松感是主卧最需要的。

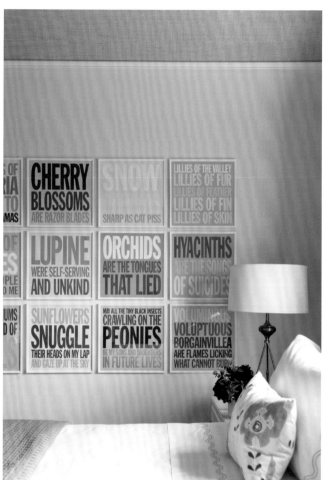

LILLIES OF THE VALLEY
LILLIES OF FUR
LILLIES OF FEATHER
LILLIES OF FIN
LILLIES OF SKIN

CHERRY BLOSSOMS ARE RAZOR BLADES

SNOW SHARP AS CAT PISS

LUPINE WERE SELF-SERVING AND UNKIND

ORCHIDS ARE THE TONGUES THAT LIED

HYACINTHS ARE THE SONGS OF SUICIDES

SUNFLOWERS SNUGGLE THEIR HEADS ON MY LAP AND GAZE UP AT THE SKY

MAY ALL THE TINY BLACK INSECTS CRAWLING ON THE PEONIES BE MY SONS AND DAUGHTERS IN FUTURE LIVES

VOLUPTUOUS BORGAINVILLEA ARE FLAMES LICKING WHAT CANNOT BURN

万科青岛小镇

项目地点： 山东，青岛

项目面积： 80 m²

软装设计： 广州 GBD 设计机构

设计师： 杜文彪

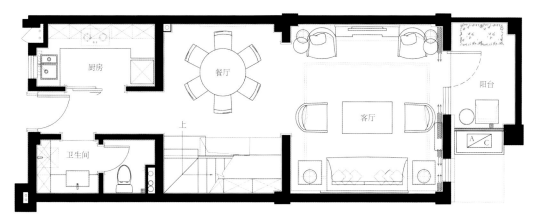

◆ 首层平面图

青岛小镇位于青岛西海岸小珠山南麓，三面环山，南面向海，地理位置优越。本案以欧式风格作主调，加入装饰主义元素，使得空间更富趣味。

一走进这个空间，首先映入眼帘的便是一对装饰有动物图腾的复古椅，视觉细节到位，把人带入另一时空。背景电视墙面利用复古壁炉造型，把客厅变得别具一格。沙发墙两侧的树藤挂饰与中间特制的花瓣装饰画完美呼应。在简约的高雅氛围中，融入 Art Deco 元素地毯，更显个性。不同的生活方式带来差异化的审美风尚，欧式家具既带来复古风貌，又不过于新潮跳跃，让整个室内都显得颇为和谐。楼梯间设计师挑选了艺术装饰画框装点了墙面，为室内环境增添一些趣味的独特气息。

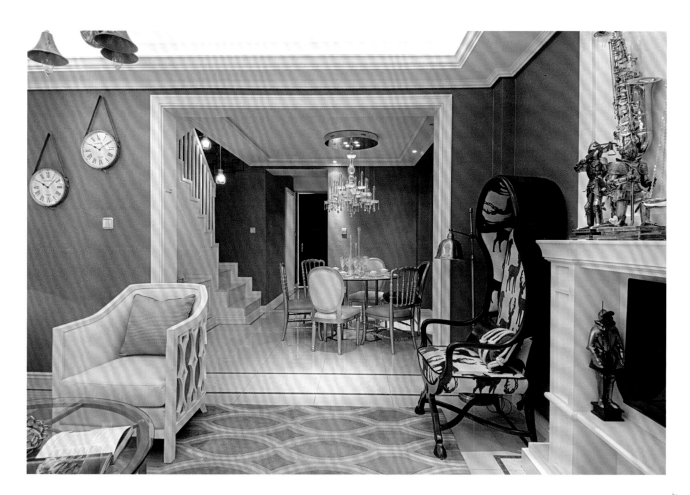

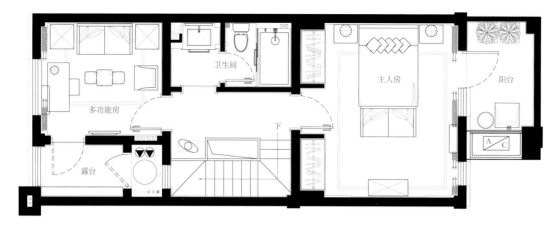

♦ 二层平面图

卧室以尽量敞开和拉高天花的方式使其开阔而雅致,床背的帷幔装饰令风格更突出,墙身运用经典欧式线条造型,硬与软的碰撞,让空间更有层次。多功能房的个性摆设,赋予空间内涵。卫生间宁静的素色,大理石地板配以简洁的墙面营造清凉质感,使得卫生间格外洁净。大到家具造型,小到五金配件,细节上的点到即止,使空间表现出了欧式的曲线感和立体感。

合肥内森庄园

项目地点：安徽，合肥

项目面积：260 m²

软装设计：飞视设计

设计师：张力

摄　影：何文凯

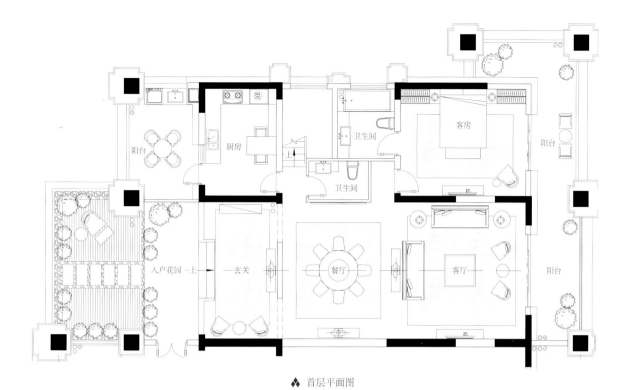

入户花园 -上

玄关

餐厅

客厅

阳台

阳台

客厅

卫生间

卫生间

客房

厨房

阳台

上

❖ 首层平面图

合肥内森庄园建筑设计为高层复式，应业主要求把此样板房打造成为欧式风格的高层别墅。在平面优化过程中，在原首层公共卫生间位置，分别做出一个公共卫生间和客房的套内卫生间。将挑空的客厅进行封堵，作为二层的主卧空间，使整体平面布局更加合理，提升项目品质。

在整体风格上，我们遵循传统欧式的基础，用现代化的手法，透过明亮的色彩，具象的华丽线角及材质，演绎出时尚、奢华、浪漫的巴洛克风格。白色和蓝色是时尚界经典的色彩。细酌白与蓝的层次细节，将会发现其中的讲究与细致。爵士白的石材，高光的烤漆面层，纯手工绘制的墙纸，图案华丽的马赛克拼花及线角，都让巴洛克风格晕染了时尚界的明亮、鲜艳。

青铜色的喷漆，细部雕花的处理，高贵的真丝面料，华丽的进口绒布，铜件与镜面的结合，点缀精致的饰品，更增添了其浪漫、奢华之风。

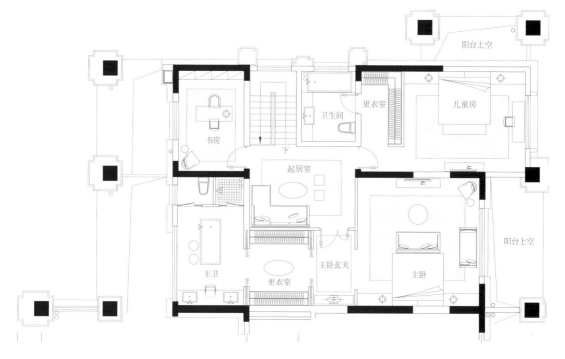

阳台上空

更衣室　　　儿童房

书房

卫生间

下　　起居室

主卫　　更衣室　　主卧玄关　　主卧

阳台上空

♦ 二层平面图

威海保利红叶谷 B 户型示范单位

项目地点：山东，威海　　　　　　　　　　**软装设计：**成象空间

蓝色的夺目，白色、黑色、咖啡色的低调，多层交错的线条让空间华丽丰盈。同时大面积的清浅蓝色，让整个空间通透清凉。金色和厚重的暖色调点缀压制了轻飘感，给空间增添一丝历史古典的醇厚。

客厅如同精致的小小美术馆，盛放着主人不同心境。利用装饰壁炉烘托欧式氛围，围合的沙发座椅空间强调了温馨感，生活气氛浓郁。

布置家就像做拼贴画，喜好、经历、审美与生活都自然的融为一体。

餐厅如杜乐丽花园般浪漫华丽又不失清爽，线条与色彩结合，每种元素都在强调自己，又彼此撞击。

海伦国际欧式田园风格住宅

项目地点：云南，昆明

项目面积：120 m²

软装设计：朗昇建筑空间设计

本套样板房的设计以欧式田园风格为主，与现代元素相结合，并辅以少量东方元素作为点缀，整体空间以蓝色、黄色作为色彩基调，使用优雅的黑色、白色中和。浪漫的欧式经典蓝色、黄色丝质布艺与抽象纹样的地毯、挂画、灯具相搭配，营造了精致细腻而又自由浪漫的空间格调，呈现出充满自然气息的田园风情。

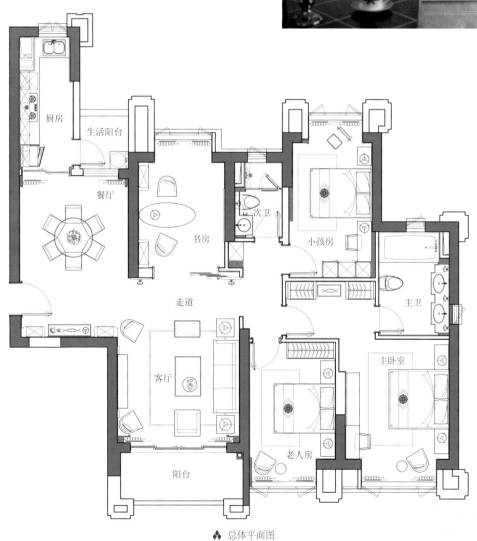

◆ 总体平面图

如诗的礼赞

项目地点： 重庆，渝北

项目面积： 340 m²

软装设计： 品辰装饰工程设计有限公司

设计师： 庞一飞　李健　殷正毅　程静

室内设计让建筑呈现出空间的美感，文化或艺术氛围的引入又为空间注入了灵魂。有生命的设计一定不会缺少氛围的营造，而它所呈现出来的历史、文化或者艺术的意境则带来了更多耐人寻味的故事。

凝聚贵族气质，散发豪奢风情——这便是欧式宫廷风格给人带来的感受，从巴洛克运动到洛可可艺术，再历新古典主义，欧式风格的浓郁宫廷色彩与贵族生活氛围世代相承，形成独有的风韵。

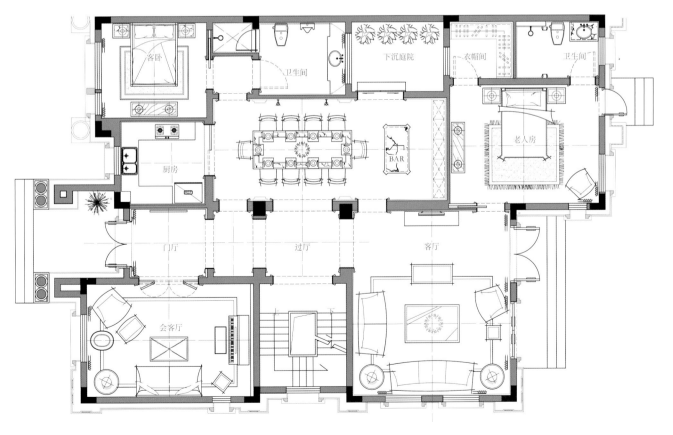

◈ 首层平面图

本案设计糅合了欧式古典宫廷的奢华与当代的时尚元素，呈现出凡尔赛宫殿式的金碧辉煌与尊贵感。立面墙体细腻而丰富的线板雕花，凸起处被细腻地以金箔贴绘，呈现立体而细微的艺术视感。平面空间搭配酒红色的丝绒家具与地毯，不错过任何彰显奢华气度的细节。一楼高挑的空间，构成大气恢宏的迎宾气度，宽敞方正的客厅呈现雍容奢华的贵气。公共领域的亮釉面花纹石英砖地面，有着水晶般晶莹透亮的质感，搭配精心挑选的地毯与精制家具，大宅的磅礴华贵气势展露无遗。

雅白色旋转楼梯，优雅的曲线柔和了空间韵味，可依循直泻而下的大型水晶灯拾阶而上。

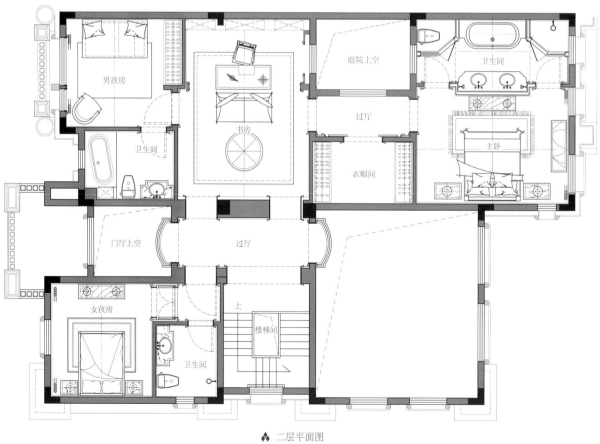

男孩房

卫生间

书房

庭院上空

卫生间

过厅

衣帽间

主卧

门厅上空

过厅

上

女孩房

楼梯间

卫生间

♦ 二层平面图

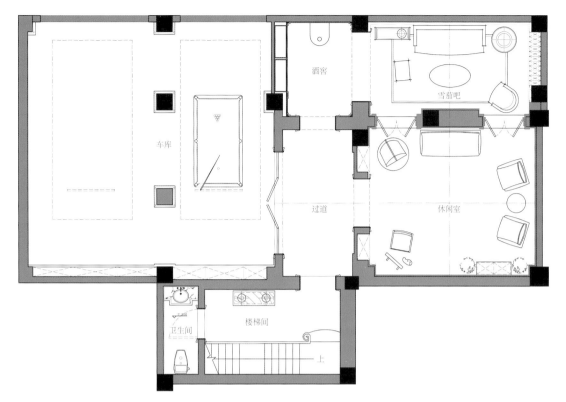

❖ 地下一层平面图

旭辉铂悦·滨江 C 户型别墅

项目地点：中国，上海　　　　　软装设计：LSDcase 事业一部

项目面积：670m^2

上海旭辉铂悦·滨江，坐落于陆家嘴腹心，LSDcasa 传承上海独特的海派文化，在设计中没有追随上海民国时期典型的 Art Deco 样式，而是延续最虔诚的怀旧和最大化的创新，以现代风格融合新古典主义来诠释空间。

软装设计延续建筑及室内的新古典主义风格，并以此为基础环境。设计抛开一切形式和标签的表象，以匹配财富阶层应有的生活方式，从单一的对权力、财富的显性诉求，过渡到生活中对伦理、礼序、温暖的需要，呈现生活空间中细微的感动。

冷静的黑、睿智的卡其、明快的亮橙和内敛的云杉绿，共同诠释现代主义的色彩美学。家具样式摒弃浮华与繁琐，木作与金属互为搭配，简练的线条，纤巧精美的样式，空间中流淌着怡然的气息，使生活意识和美学形态转化成一种无声却可被感知、享受的设计语言。这套 670m² 的府邸空间的每一层都有自己独特的功能和对应的趣味隐喻。

一层是客厅与餐厅，设计师以沉稳大气的咖啡色为色彩基调，搭配冷艳的云杉绿、璀璨的金色和经典的黑色、白色，从天花到四周，从家具到靠垫，从饰品到绿植，无不展现了待客空间的华贵。有力量感的进口 Promemoria 沙发、minotti 大理石茶几和设计师原创品牌再造家具生动巧妙地并置，在比例、情绪和故事间平衡出了舒适的体验，链接起了空间的艺术性。

餐厅以沉着的卡其色为主色调，搭配黑、白色餐具，点缀精致的花艺。餐厅旁特别设置休息厅，兼容了大户宴客的作用和文人精神，让这个中西交流的空间层次起伏，糅合出平衡典雅的用餐氛围。

走上二层，可以看到一个个色彩平衡、层次丰富的卧室空间。米色和咖啡色是这里最经典的色彩基调。在这个基调上，设计师利用不同层次的橙色和蓝色融入其中，一会轻快、一会沉稳，为不同的主人营造韵味十足的私密空间。

三层是主卧，以沉稳的灰色和黑色为主色调，设计师的原创床榻与休闲椅，搭配几何纹地毯，形成简洁有力的设计语言，巧妙地构建了一个独具张力的舒适空间。书房里，各种藏品和摆件演绎出主人的高雅格调，通过从细节到整体的微妙处理，对品质生活的追求得到了完美的诠释。

地下一层是主人娱乐和休闲的区域，其中有男主人的雪茄室。该空间强调自由交流，是男主人远离一切纷扰的宁谧之地。设计以沉稳的咖啡色为主色调，来自世界各地的顶级家具在这里搭配融合，独具风格。

顶层是女主人的花房和孩子们的画室，设计追求素雅自然之美，在家具的选择上，强调对自然材料的运用以及精致的细节把握，以生活为内容，营造"花怡境幽，禅意自得"的生活情境。

纵观整套府邸，更像是具备魅力和非凡感官的艺术珍品，时光在此凝练成艺术，生活由此完美升华。

银丰唐郡独栋别墅

项目地点： 山东，济南

项目面积： 980 m²

软装设计： 成象空间

坐落在半山的家，可听风观云亦可挥斥方遒。公共空间陈设装饰使艺术撞进生活，生活邂逅美，自然光照和人工照明的光线经由铜制饰物的润饰更具古典华贵感，着色轻柔的大地色系主色调让家中任意一角都可使人放松精神，享受时光的流动。

书房会客室和休闲室采用红木铺墙，稳重的色调是岁月沉淀的诠释，并带有一种欧洲老绅士的品质，稳重、睿智、经典且耐人品味。

卧室中纯白色和木色相搭，结合经典的造型，细致繁复而有序，值得细细品味。

深圳招华曦城别墅

项目地点：广东，深圳

项目面积：810 m²

软装设计：戴勇室内设计师事务所

摄　影：陈维忠

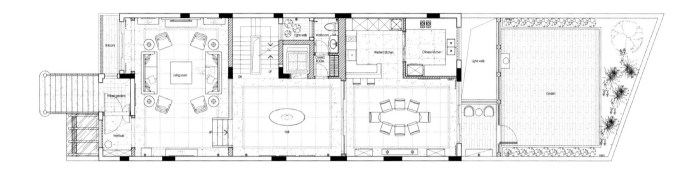

▲ 首层平面图

本案是"戴勇之家"整体家居项目的第一个项目，位于深圳尖岗山豪宅片区曦城四期，建筑外围西班牙风格浓郁。室内设计以欧式风格为主调，体现出优雅的尊贵气质。别墅室内使用面积为580m²，花园及阳台面积共计230m²。

室内空间方正大气，功能合理完善，共有五间卧室和六个豪华洗手间，除了宽敞独立的会客厅及西餐厅外，配置了家庭厅、家庭阅读室、桌球室、健身区、酒吧及多功能活动室。

设计师认为设计家的过程是一个慢慢认识自我的过程，了解自身的需求，了解自己到底需要什么，喜欢什么。经过多方面筛选，慢慢喜欢的东西渐渐清晰，最终选择了优雅的中西融合风格。希望完成后的家是朴素的、简洁的、精致的、优雅的、尊贵的。

♦ 二层平面图

主要墙面，如壁炉墙面、电视墙面、床头背景用传统的白色线框护墙板，木作施工时全部选用优质环保板材及油漆。项目团队考虑到南方潮湿的气候，放弃了最初墙面贴墙纸的想法，改为使用环保乳胶漆。室内空间是大面积浅灰色乳胶漆，运动活动区为冷灰色乳胶漆，书房为暗灰绿色乳胶漆，儿童房为蓝色乳胶漆。通过色彩定义不同的空间气氛。

在整体的白色基调下，地面选择了米色的仿石砖，质感更接近石材，且易于保养。卧室选择的是紫檀色的全实木地板，鲜明的深浅对比让室内显得时尚鲜明。天花用简洁的石膏线条修饰。

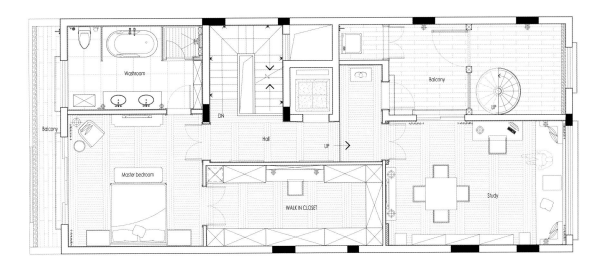

◆ 三层平面图

室内大部分的家具选择简洁的新古典主义款式，材料为美国黑胡桃实木及酸枝木皮，点缀珍贵的大红酸枝明式家具，如案几、南宫椅、禅椅及茶桌，少量中式家具的点缀给室内带来淡淡的人文气息。

在简洁舒适的空间里，到处都可以看到各种款式的烛台、素雅的花艺，以及关于艺术、时尚、建筑、文学的书籍。一层宽敞明亮的会客厅中，1.4米×1.4米的茶几上堆放了书籍画册，餐厅的吧台上也放着书籍。二层的家庭厅设置了书柜，同样儿童房里书架也是不可缺少的家具。三层的书房更是功能齐全，设计了整墙的书柜，中式茶座和窗前宽大的沙发，让人可以在这里舒舒服服地待上一整天。

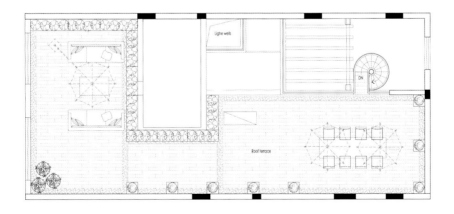

♦ 地下一层平面图

♦ 户外花园、阳台平面图

海伦国际简欧风格住宅

项目地点：云南，昆明

软装设计：朗昇建筑空间设计

项目面积：120 m²

厨房

生活阳台

餐厅

书房

次卫

儿童房

主卫

走道

客厅

主卧室

老人房

阳台

◆ 总平面图

本套海伦国际样板房在空间设计中打破了传统室内设计的思维逻辑，以大胆、创新的手法打造了令人眼前一亮的家居空间。设计师以大胆直白的表现手法，糅合了欧式建筑的典雅、现代家居的简约和时尚动感的装饰，让人走入这个空间就像步入时尚的殿堂，令人应接不暇。

时尚的欧式线条、奢华的水晶灯和色彩纯粹的沙发传达出设计师不拘一格的设计观，简约的墙面装饰线恰到好处地表达了风格语言，粉彩色的搭配组合更增添细腻感受。在这个空间里，你不仅可以享受到悠闲自在，也可以拥有时尚奢华。

国港城底跃地中海风格住宅

项目地点： 陕西，西安

项目面积： 157 ㎡

软装设计： 飞视设计

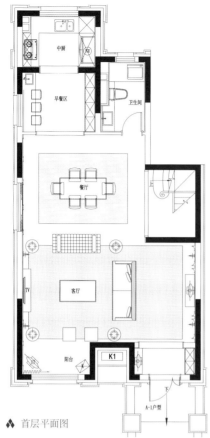

◆ 首层平面图

本案设计彰显典雅、浪漫的地中海风情，采用地中海典型的蓝色、白色为基调，利用洄游空间的手法将空间动线合理化。客厅和餐厅空间运用天花横梁与抽槽的处理手法，避免了原建筑结构的弱点，并将天花最高点释放，扩大了整个空间的体验感与舒适感。建筑的特点在室内空间中也细致的表现出来，设计师运用了地中海建筑风格中的拱形门，用白色开放漆饰面代替了白灰泥墙。客厅和餐厅地面采用爵士白大理石，用蓝色、白色马赛克波打线与精致的蓝色小方砖点缀，蓝色仿古砖与彩色仿古砖腰线在厨房及卫生间的合理运用使地中海风格贯穿全屋。空间上大面积的蓝与白，软装配上局部的米色搭配，整体看起来清澈无瑕，诠释着人们对蓝天白云、碧海银沙的无尽向往。

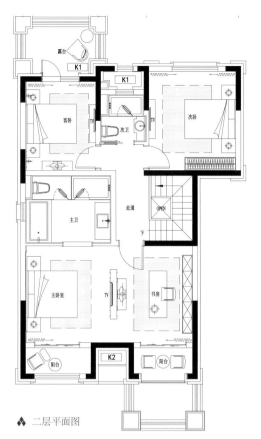

◆ 二层平面图

金地长沙三千府六期联排别墅

项目地点：湖南，长沙

软装设计：风合睦晨空间设计

设计师：陈贻 张睦晨

摄　影：孙翔宇

每一个人的内心深处，都藏着一颗未泯的童心，人们一直渴望着能有一处空间用来安放潜藏于他们内心深处的那些童年的美好记忆。回到属于自己的家里时，可以释放出内心中那份依然存有的童心。

风合睦晨这次设计的是一个类似小品性质的空间作品，设计师们把这个空间当成一个人来描述，一个有血有肉的、有着丰富情感的人。他外表看起来有些严肃，不过他却有着孩童般的心态；他并没有习惯于用寻常的眼光去看世界，也并没有彻底习惯了这个世俗社会，他的目光和心灵也并没有蒙上灰色阴影，他依然看出了世界的画意和人生的诗意。他希望把这份童心注入他的生活中去，以另一种眼光重新审视生活，在生活中寻找那份纯真的快乐，寻找那份满满的精神依托。

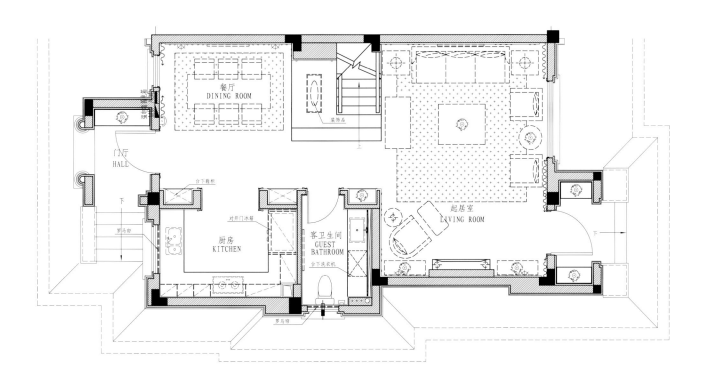

◆ 首层平面图

这是一个以黑色、白色、灰色为主调，以简约精致的结构为基底的空间。灰色调显得从容而低调，显露出主人稳重和包容的成熟心态。空间中选用了很明确的、但看似并不协调的强烈色彩去碰撞这种精致的灰色氛围，在这种紧张的对比过程中，一种有趣的视觉的化学反应自然地产生出来。

现实与理想的交汇、理智与激情
的碰撞、成熟与青涩的融合。这
两种截然不同的语言方式融合在
了一起，产生了奇妙的心理和精
神的体验效应。一个外表看似严
肃和严谨的人却有着一颗活泼和
追求自由的内心。

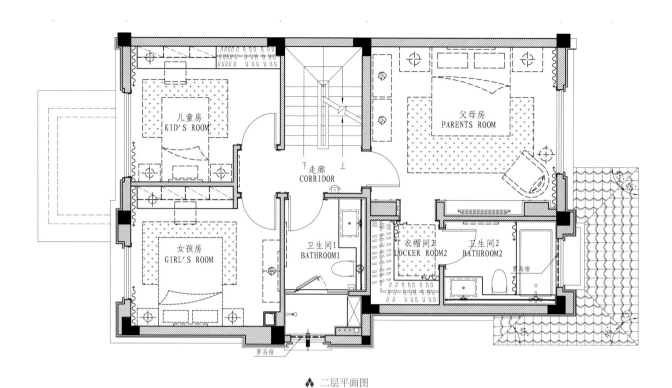

儿童房
KID'S ROOM

父母房
PARENTS ROOM

下 走廊 上
CORRIDOR

女孩房
GIRL'S ROOM

卫生间1
BATHROOM1

衣帽间2
LOCKER ROOM2

卫生间2
BATHROOM2

罗马帘

罗马帘

◈ 二层平面图

书房
STUDY ROOM

主卧室
MASTER ROOM

下 过道
AISLE

固定隔断

休闲阳台
CASUAL BALCONY

主卫生间
MASTER BATHROOM

衣帽间1
LOCKER ROOM1

休闲阳台
CASUAL BALCONY

◈ 顶层平面图

风合睦晨把有着两种性格的人物巧妙而形象地体现在这个空间里。在这个空间里设计师更多的是要强调人性化的空间体验，希望这个空间能够成为一个真正了解人、关注人以及能够净化人心灵的空间场所。

美丽的童心就像钻石，在繁华浮躁的生活中发出动人光泽。通过童心去看世界，世界才会永远是真实而精彩的。

绿地黄埔滨江·C 户型

项目地点：上海　　　　　　　　　　　软装设计：LSDcasa 事业一部

项目面积：142 m²

在样板间设计中，LSDcasa 看到一个趋势，基于传统的开发商导向的样板间在减少，为激发生活期待而设计的个性化样板间越来越多。尤其在改善型住宅和豪宅类产品中，优秀的甲方和设计公司一起在推动转变。于是有了 LSDcasa 与绿地集团合作的黄埔滨江。基于标准化的品质精装，加上基于个性化的顶级软装，模糊了家和样板间的边界，真实的生活得以在设计中安放。

客厅采用低纯度的蓝与大地复古色系，边几上的藏品体现了主人的收藏趣味与复古情怀，学院派的复古黄铜台灯、大理石、真皮桌面和黄铜包边，这些细节无时无刻不传递出一种怀旧情怀与雅皮气质。

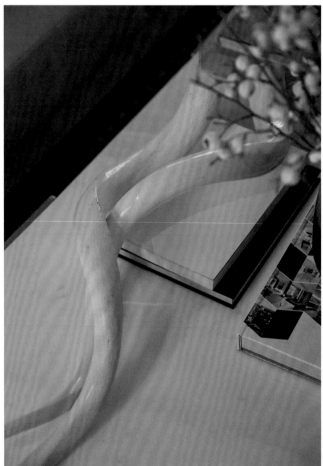

主卧色彩是沉稳内敛的，手工皮革床、讲究的把手细节、充满温度质感的毛毯与真皮方枕，以精致讲究与理性克制构建一个雅皮绅士的居住空间。

次卧是色彩的礼赞,是找寻世界最初的样子时途中最美的风景,布艺结合巴宝莉经典格纹与几何元素,活力氛围与优雅腔调在次卧中微妙融合。

书房选择使用黑色和黄铜色的经典搭配，黄铜色以体块状和细装饰线等形态融入家具内部，减弱了沉闷感，增加了一丝时尚优雅，恰到好处，收放自如。

绿地黄埔滨江 · D 户型

项目地点：上海

项目面积：118 m²

软装设计：LSDcasa 事业一部

一处居所，亦是一种生活方式，卡地亚以艺术先锋的姿态在装饰艺术以及时尚领域占据较高的地位，精致的金属艺术饰品与优雅的家具造型打造高于生活的艺术气质，成为贯穿于客厅中的艺术力量。

主卧运用简洁的黑白色彩搭配璀璨精致的水晶材质灯具，体现对生活方式的考究，是一种精神层面的享受。

卡地亚所代表的现代装饰艺术与几何切割线条，通过一种介于自然主义与装饰理念之间的表达方式，让次卧更富有感染力。

米德尔顿广场 58 号大宅

项目地点： 英国，伦敦

软装设计： G&T 伦敦设计公司

摄　影： Darren Chung

色彩浓烈的抽象画作传达出强烈的现代感，和古典风格的家具、壁炉、吊灯形成巨大的反差，创造出属于自己的个性化空间。而且作为灰色调空间中的一抹亮色，好像为你的视线打开了一扇窗。

空间比较高，所以每个空间的墙面都做了分割处理，而且方式多样，你可以在客厅做很宽的天花线条，可以在卧室安装床头装饰板，也可以在休息室改变墙体的结构和颜色。

选择透明玻璃材质的细高装饰花瓶，为的是不挡住就餐人的视线，装饰品和其他设计一样，同样要考虑到人们使用或观赏时的实际需求。关于插花，有时候只需多加一点东西，比如三根挺拔的枝条，就马上能让设计显示出与众不同的特点。

沈阳中海·寰宇天下

项目地点： 辽宁，沈阳

项目面积： 213 m²

设计公司： PINKI 品伊创意集团

知本家陈设艺术机构

美国 IARI 刘卫军设计师事务所

设计师： 刘卫军 梁义 张罗贵

刘淑苗 罗益梅

本案设计师运用了绿色为主色调，让整体空间舒适宜人，同时泛着高贵典雅的气质。客厅的层高优势为主人营造了大气的空间氛围，顶上的大型水晶吊灯与沙发边桌上的台灯风格统一。跃层的独特设计增强了空间的层次感，并为主人营造了良好的私密性。二层的书房、卧室也迎合着整体的色调及风格，静谧而自由，主人可以在此倾听窗外鸟语花香，追忆生活的场景片段。

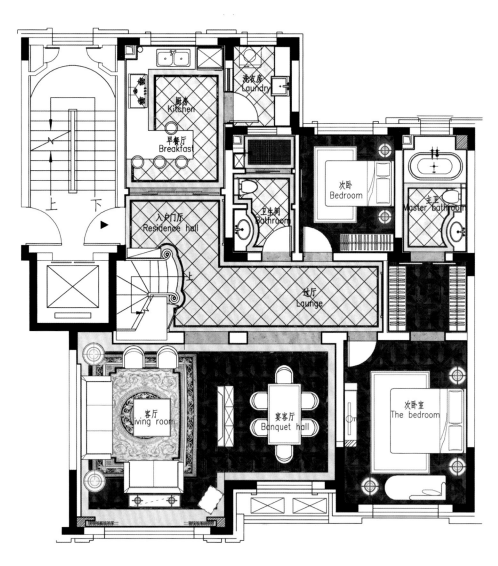

◆ 首层平面图

空间中随处可见的绿植花卉、壁画装饰以及布艺家纺都统一在绿意自然的主题之下，呈现了一派诗情画意的美丽景致。让原本平淡厚重的古典住宅空间如沐春风般焕发出新的活力。

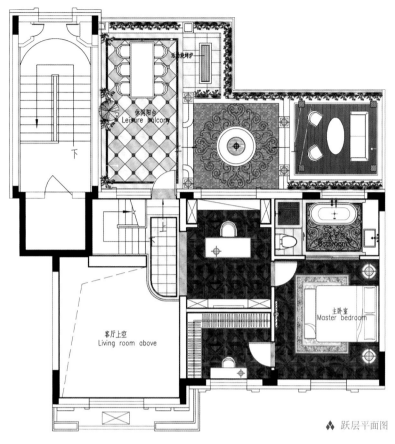

动力壁炉

休闲阳台
Leisure balcony

Bathroom

主卧室
Master bedroom

客厅上空
Living room above

◆ 跃层平面图

南昌国博联排别墅

项目地点：江西，南昌

项目面积：363 m²

软装设计：飞视设计

设计师：张力

随着现代社会生活品质的不断提高，空间的意义超越物质需求的层面，达至更高的精神诉求层面。更多的设计师关注和考虑如何让空间跳出具象的物质属性，达到空间抽象精神的理解，从而使空间更凸显出独特的设计气质与艺术品位。这一次，我们呈现出的是一处优雅沉着、睿智低调且时尚新颖的品位居室空间，项目虽然以明确的欧式风格为基底，然而整体的空间却散发出一种独特的现代艺术魅力。现代平面构成的视觉形式语言被巧妙地融入空间中，让使用者可以在优雅美好的艺术气息中享受温暖阳光下的蓝调生活，以及属于自己的静谧时光。

内敛、低调的灰色作为大面积的背景色，并辅以净透、跳跃的蓝色为点缀，营造出一种明快、简约的空间感受，总体氛围融入了时尚、舒适、内敛的设计元素，展现出空间的立体感受，突出居者沉着硬朗、睿智深刻的生活阅历及艺术品位，同时也体现了空间使用者对生活品质及舒适居所的完美追求。

中房集团西宁萨尔斯堡售楼会所

项目地点：青海，西宁

项目面积：3000 m²

软装设计：风合睦晨空间设计

设计师：陈贻 张睦晨

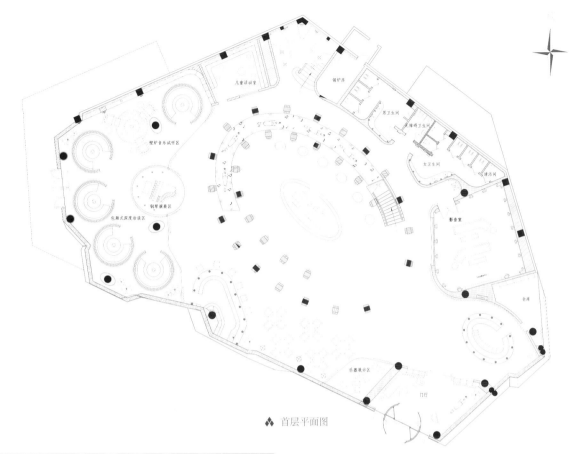

◆ 首层平面图

该项目操作完全打破了以往合作的常规程序，室内空间方案设计首次尝试与建筑方案设计同步进行。在建筑设计之初即与建筑设计师密切沟通并综合探讨整体的营销体验、建筑体量、内部空间感受及周边景观设置等。欧洲昔日的建筑、艺术以及历史文明令世人赞叹不已，而此次的设计作品却须提炼其文化精髓，保留其历史痕迹，用现代的设计手法把人们对欧式古典建筑的向往融合于此时此刻的现代建筑中。

该空间的设计创意来源于欧式建筑体的连拱形式，试图让人重新理解空间与人的潜意识心理状态之间的微妙关系，并采取打破常规的思维方式，运用现代的空间构成方式，结合再次提炼后的欧式元素，呈现出现代主义与古典主义相结合的表现形式。梦境、偶发性、片段情节的闪现，狂想曲的表现，黑马的连续奔跑动作，毫无逻辑关系的事物构成方式，营造出强烈的戏剧化的超现实主义艺术表现氛围。其运用象征性的表现手法，让人们的思绪得以连续展开，激情得以逐步释放。

超现实主义致力于发现人类的潜意识，主张放弃逻辑、有序的经验记忆为基础的现实形象，呈现人的深层心理中的形象世界，尝试将现实观念、潜意识与梦的经验相融合。该空间中的创意大量借用了超现实象征主义艺术学派画家乔治·德·基里科（Giorgio de Chirico，1888—1978 年）的艺术世界氛围，与造型语言的隐喻功能融合而成，对历史符号进行变形、移植和拼贴，从而形成一个多元性的空间氛围。中央 14 米高挑的挺拔空间极具欧洲建筑文明的象征性轮廓。

以项目沙盘区域为中心向外发散
设置的功能区域呈环绕式地排列。
设计师用看似无序的布局来界定
空间中的每个功能性空间，以音
乐载体的形式作为空间情感的释
放点，奔放的幻想曲式弧线的造
型语言作为设计元素。空间中融
合了欧洲传统剧院的经典氛围，
试图让空间本身能够自己说话，
传递出既典雅又极具现代视觉冲
击力和充满戏剧性的音乐氛围，
以及来自欧洲的魔幻舞台气息，
让人游离于现实与非现实的状态
之间。

音符以光的形式流动和贯穿于整个空间，呈现出具有流动性的现代空间感受。深沉的竖向曲面联拱形式结构产生着积极向上的精神力量，表现出了类似交响乐般的精神取向。巨大的曲面造型严整而肃穆，充满着音乐的律动感和内在的表现张力，让观者能够感受到一个足够承受恢宏交响音乐的灵动空间。

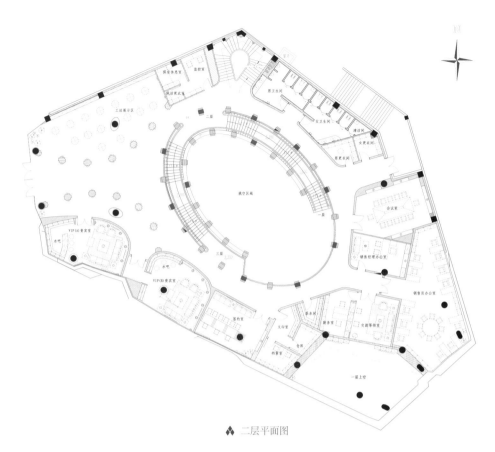

❖ 二层平面图

"兰"私人会馆

项目地点：四川，成都

项目面积：300 m²

软装设计：ACE 谢辉室内定制设计服务机构

设计师：谢辉 王雨 李曼君 闫沙丽

摄　影：李恒

成都，一处美丽悠然的蜀山之地，一座永远不缺精致多元生活的城市，深厚的蜀国文化与时尚的现代文明相互碰撞，造就了成都女性的真挚、直率、灵秀和包容。本案业主就是这样一位美丽的成都女子，既是三个孩子的母亲，也是一位独立优雅的现代女性。时尚米兰，浪漫巴黎是她时常驻足之地，是一位热爱生活，集古典与时尚的魅力女性。

成都城南一处高尔夫别墅区内，业主为自己和家人朋友打造了一隅生活后花园，一处时尚、安静的休闲之所。

打造有居住者自身气质的高品质空间一直是ACE设计的本源，业主名字中的"兰"字让设计师联想到了古人的诗词：

霓裳片片晚妆新，束素亭亭玉殿春。

已向丹霞生浅晕，故将清露作芳尘。

而欧洲设计之都米兰，又是一处优雅、前沿的时尚之地，时装、咖啡、美酒、闲适的欧洲文化演绎当代高品质生活，玉兰、米兰，看似毫无关联的两个元素却代表了业主的气质，让古典与时尚就这样相遇吧！

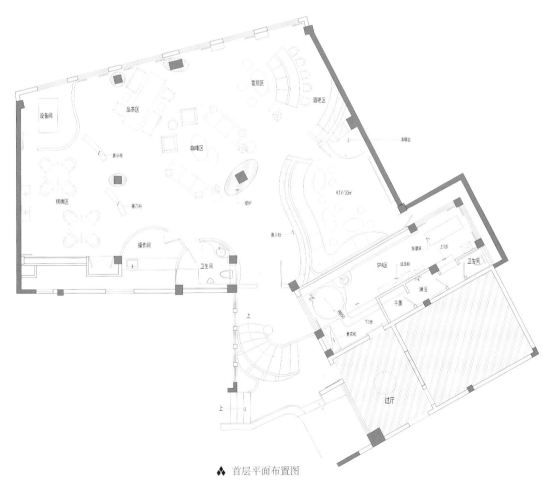

◆ 首层平面布置图

会馆入口的地板图案有很好的导向带入感，进入之后顶面的光亮会让人不自觉地抬头观望，瞬间会产生一种空间倒置的感觉，鱼儿在天空自由嬉戏，细看会发现是一个透明的玻璃鱼缸，波光粼粼，光影交错，透明的材质，导入自然光解决了入口光线较弱的问题，也为整个空间增添了灵动之美。

玉兰花瓣丰腴饱满，外形柔美，恰似室内婉转的动线，从入口处开始细细蜿蜒，由结构中柱体改造的壁炉把空间略微分隔，柔美的弧线散发女性内在的柔和气质，而墙面部分铜质线条为比较开阔的室内增添细节脉络，为空间加入少许力量感。

整个会馆墙面和顶面采用泛着微微珠光的艺术漆，如绸缎般洒满整个空间，质感如珍珠般细腻温润，轻抚之上毫无冰冷的触感，大面积欧洲宫廷户外墙画混搭中式手绘柜体。而来自葡萄牙的高端灯具品牌 SERIP 吊灯是欧洲手工艺术的杰作，以大自然的无限灵感注入灯具中，如丝丝细雨洒落，与金丝楠木茶几相映成趣，中西方艺术品的混搭之美跃然于眼底，也如一处艺术装置为空间增添时尚空灵之美。

为不使空间过于清淡而产生距离感和孤独感，设计师为空间设置足够的背景和小品，让身在其中的宾客有些许包围感，闲谈区、品茶区、棋牌区、红酒区之间没有实墙阻隔，除棋牌区外身处每个区域均可望见户外大片的高尔夫球场，为来访者营造出室内精致、室外开阔的感受。

本案把业主的内在气质融于其中，把成都的休闲气质与当代成都人的生活连接起来，用一种艺术与国际化的语言作为外在表达，诠释当代人的生活方式并完美呈现。

"晨夕目赏白玉兰，暮年老区乃春时"如此精致优雅的会馆必会让三五好友流连忘返，红酒小酌，清茶细品，享生活之美好，留时光之永恒！

鸣谢

ACE 谢辉室内定制设计服务机构
地址：四川省成都市府城大道西段 199 号仁和春天国际花园 7-1-2605 室
电话：+86 028-61332242

成象设计
地址：山东省济南市万寿路 2 号国际创新设计产业园 4 楼 12 号
电话：400-0809-061
电子邮箱：chengxiang@cxsjgs.com

戴勇室内设计师事务所
地址：深圳市福田区滨河大道 9289 号京基滨河时代大厦 2701 室
电话：0755-82913509
电子邮箱：szyisi@126.com

飞视装饰设计工程有限公司
地址：上海市徐汇区肇嘉浜路 736 号龙头大厦 6 楼
电话：021-54657752
电子邮箱：face_design@126.com
微信公众号：facedesign

风合睦晨

地址：北京市朝阳区百子湾路 16 号后现代城 4 号楼 B 座 1402 室

电话：010-87732690

GBD 设计机构

地址：广东省广州市海珠区赤岗西路 288 号杨协成创意园 A 栋 123 室

电话：020-84387969

电子邮箱：gbddesign@163.com

朗昇建筑空间设计

地址：广东省深圳市福田区深南大道 7002 号财富广场 A 座 11 楼 H-K 室

电子邮箱：lonsondesign@126.com

微信公众号：lonsondesign

LSDcasa

地址：广东省深圳市南山区华侨城创意园 C3 栋 402 室，F1 栋 105A 室

电话：0755-86106060

品辰装饰工程设计有限公司

地址：重庆市江北区华新街嘉陵一村 41 号 COSMO 大厦 A 座 34F

电话：023-67715211

电子邮箱：pcsj@cqpinchen.com

PINKI（品伊国际创意）

总部地址：广东省深圳龙岗区坂田街道五和南路 2 号万科星火 Online7 栋 230-233 室

电话：0755-86193877

电子邮箱：chinapinki@sina.cn

图书在版编目（CIP）数据

室内设计风格详解. 欧式 / 凤凰空间·华南编辑部
编. -- 南京：江苏凤凰科学技术出版社，2017.8
  ISBN 978-7-5537-8458-8

  Ⅰ. ①室… Ⅱ. ①凤… Ⅲ. ①室内装饰设计－图集
Ⅳ. ①TU238-64

中国版本图书馆CIP数据核字(2017)第158984号

室内设计风格详解——欧式

编　　　者	凤凰空间·华南编辑部
项 目 策 划	韩　璇　宋　君
责 任 编 辑	刘屹立　赵　研
特 约 编 辑	刘紫君

出 版 发 行	江苏凤凰科学技术出版社
出版社地址	南京市湖南路1号A楼，邮编：210009
出版社网址	http://www.pspress.cn
总 经 销	天津凤凰空间文化传媒有限公司
总经销网址	http://www.ifengspace.cn
印　　　刷	上海利丰雅高印刷有限公司

开　　　本	889 mm×1 194 mm　1／16
印　　　张	16.5
字　　　数	132 000
版　　　次	2017年8月第1版
印　　　次	2017年8月第1次印刷

标 准 书 号	ISBN 978-7-5537-8458-8
定　　　价	278.00元（精）

图书如有印装质量问题，可随时向销售部调换（电话：022-87893668）。